父本

彩图 1　澳洲笋壳鱼

母本

彩图 2　泰国笋壳鱼

彩图3　杂交笋壳鱼

彩图4　杂交笋壳鱼苗种

彩图5　苗种培育池

彩图6　越冬棚

彩图 7　免疫接种疫苗

彩图 8　成鱼包装销售

中国-东盟海上合作基金项目（CANC-2018F）
"中国-东盟渔业资源保护与开发利用"资助图书

笋壳鱼

高效生态养殖技术

SUNKEYU
GAOXIAO SHENGTAI YANGZHI JISHU

李希国　李本旺　王广军　主编

中国农业出版社
农村读物出版社
北　京

编 辑 委 员 会

前　言

笋壳鱼（尖塘鳢）具有个体肥硕、肉质细嫩、味道鲜美、营养价值高等特点，离水保持湿润可长途活体运输，十分适合现代市场的需求，因而得到越来越多养殖者的青睐。近30年来，我国水产养殖理论与技术飞速发展，为笋壳鱼养殖业发展提供了有力支撑。但养殖面积无序扩大，养殖密度任意增高，带来了种质退化、病害流行、水域污染、养殖效益下降、产品质量问题时有发生等一系列问题，我国笋壳鱼养殖业持续发展面临严峻挑战。

广东是笋壳鱼的重要生产地，为满足市场对笋壳鱼的需求，解决笋壳鱼养殖面临的问题，推动淡水养殖业品种结构调整，提高淡水养殖的经济效益，东莞市动物疫病预防控制中心（原东莞市水产技术推广站）联合中国水产科学研究院珠江水产研究所，组织业内专家，选取近年来笋壳鱼的研究技术和成果，编写了《笋壳鱼高效生态养殖技术》。全书共有九章，包括养殖概况及市场前景分析、生物学特征、规范化养殖场规划与建设、高效生态养殖技术、病害防控与管理、高效生态健康养殖模式、养殖质量安全管理与控制、养殖实例、营养价值与食用方法等内容。其中第一章由张端秀等编写，第二章、第三章、第四章、第五章、第七章由李希国等编写，第六章、第八章、第九章由李本旺等编写，王广军等负责本书的内容和架构，并对内容进行全面校对。本书通俗易懂，可操作性强，可供广大养殖户和水产技术人员参考。

由于编者水平有限，书中难免有不足之处，敬请指正。

编　者

2022 年 9 月

目　　录

第一章

养殖概况及市场前景分析

第一节　笋壳鱼概况

一、基本情况

尖塘鳢，俗名笋壳鱼，在分类学上隶属于鲈形目塘鳢科尖塘鳢属，为暖水性、肉食、底栖、穴居性经济鱼类，原产地主要分布在东南亚湄公河流域的泰国、越南、柬埔寨等国家。与塘鳢科的其他品种相比，笋壳鱼的体型略延长、粗壮，前段呈圆柱形，后部稍扁，头扁平、较大，体宽与体长之比约为 1∶3.5，嘴角下斜，与眼同宽。眼睛凸出，位于嘴唇上方，上颌两侧为齿带，下颚长于上颚。有一排小尖牙，身上的鳞片呈梳齿状，有 4 圈黑色斑纹，腹部的颜色较浅，体表的颜色会随着周围水质和环境不同而变化。

笋壳鱼具有个体大（最大个体体长 50～60 cm，体重可达 6.0 kg）、生长速度快（500 g 重的笋壳鱼，在海南养殖周期约为 14 个月）、肉质细嫩、味道鲜美、营养价值高等特点。笋壳鱼现已成为日本、韩国、新加坡、马来西亚等国家及我国香港、澳门、台湾、广东、上海、北京等地的主要中高档消费淡水鱼类之一。

二、分类

笋壳鱼是尖塘鳢属鱼类的俗称，原产地东南亚，可分为泰国笋壳鱼、澳洲笋壳鱼。

（一）泰国笋壳鱼

又名云斑尖塘鳢，是亚热带淡水名贵品种，它原产于东南亚的江河、水库和湖泊中，是中型经济鱼类。其体型略长，粗壮，体色为黄褐色，喜栖于水质较清或有微流水的江河、水库或池塘的底部沙泥与草丛中。其性情温驯，对低氧环境适应能力强，适温介于 15～35 ℃，成鱼主要以水中的小鱼虾、软体动物和甲壳类为食，人工养殖也可投喂配合饲料。由于它所摄食的饲料营养丰富，所以其生长速度较快，个体也较大，并长得颇为肥美，一般成鱼重 200～

400 g，大者可达 500 g 以上，最大可达 5 kg。泰国笋壳鱼肉质细嫩，味道鲜美，营养丰富，它不仅在我国广东的广州、深圳、珠海、佛山等大中城市，以及香港、澳门、台湾等地区受消费者欢迎，而且在东南亚各国也深受消费者青睐。

（二）澳洲笋壳鱼

也称线纹尖塘鳢，其形态上近似于云斑尖塘鳢，头大扁平，体型略延长、粗壮，前段呈圆柱形，后部稍扁。口上位，上、下颌齿多行，齿细小。眼小而高。体被栉鳞。腹鳍分离；背鳍Ⅶ，8～9，分为前后 2 个；胸鳍大；臀鳍Ⅰ，7～9；尾鳍圆形。稚幼鱼体色黄褐，容易随生活环境不同而变化，池养成鱼体色为黑褐色，澳大利亚也有天然橙色个体。线纹尖塘鳢喜栖息于池底有隐蔽物的暗处，在湖泊河川等天然环境内，喜欢栖于堤岸有水草或泥洞穴、岩礁等地带，对低氧环境适应力较强。为热带暖水性鱼类，生活适温 9～36 ℃，摄食、生长水温 18～32 ℃，9 ℃以下容易冻死。该鱼喜在夜间活动，性情温驯，不喜到处游动，常静伏于栖息物或池底，只近距离觅食，为肉食性鱼类。线纹尖塘鳢稚幼鱼生长稍慢，长成体重 50～100 g 后，生长加速。在澳大利亚的工厂式循环水槽养殖 1 周年，单产可达到 100～200 kg/m²，个体重 500～600 g。线纹尖塘鳢 2 年性成熟，产黏性卵，一年可多次产卵，繁殖力强。但仔稚鱼成活率却较低。在池养条件下，线纹尖塘鳢多生活在中下层，适应纯淡水生活。

第二节　笋壳鱼发展历程

一、笋壳鱼在我国发展的历程

笋壳鱼个体肥硕、肉质好，离水保持湿润可长途活体运输，十分适合现代市场的需求，因而得到越来越多养殖者的青睐。国际及国内的市场需求引起了政府及水产业界的关注，为满足市场对笋壳鱼的需求，推动我国淡水养殖业品种结构调整，提高淡水养殖的经济效益。1999 年，农业部将笋壳鱼列入"引进国际先进农业技术 948"项目（褐塘鳢的引进及其人繁、养殖的研究开发），由中国水产科学院珠江水产研究所承担。2006 年"褐塘鳢的引进及其人、繁养殖的研究开发"项目通过农业部专家组验收，并获得广东省科技进步奖二等奖。另外，海南断山渔业有限公司从 2000 年起开始进入此项目。2002 年，在海南三亚市海棠湾镇国营南田农场北山洋农业高效技术开发区投资380 万元，建立生产试验基地并承担了笋壳鱼的全人工繁育及养殖的中试和研发。2003年，农业部委托广东省海洋与渔业厅组织专家在三亚市海棠湾镇海南断山渔业有限公司苗种场进行现场验收。2004 年，科技部将"泰国笋壳鱼全人工繁育、养殖与推广"列入国家星火计划，由海南断山渔业有限公司承担；2006 年 8

月，海南断山渔业有限公司以技术输出方式将"笋壳鱼人工繁育、育苗"项目输出给马来西亚，并派出技术人员指导生产。实现了引进鱼种的技术创新，在笋壳鱼繁育方面处于国内领先水平。

二、广东笋壳鱼养殖概况

泰国笋壳鱼、澳洲笋壳鱼先后于 1986 年、1996 年引进我国珠三角地区养殖。前者引入时间早，驯化好，容易养殖，但肉质和体色较差，市场价格较低；后者引入时间较晚，驯化时间短，养殖产量较低，但体色和肉质较好，市场价格高，但受当时的生产体制约束和市场动力不足影响没有进一步发展，上市商品鱼寥寥无几，苗种繁育技术更无突破。到了 20 世纪 90 年代末，在市场良好效益的驱动下，广东、江苏等地的少数科研单位、科技人员、养殖户又重新引入笋壳鱼，并进行了研究、开发利用，但进展缓慢。通过广大科技工作者、养殖者的坚持不懈地努力摸索，已逐步突破和掌握了笋壳鱼的生物学特性、养殖技术、人工繁殖技术和苗种培育技术，揭开了笋壳鱼产业发展的新篇章。

与许多引进水产品种一样，笋壳鱼也须经过驯化适应和种苗自行繁育的过程。2000 年前后广东省养殖澳洲笋壳鱼刚有了一些经验，又引入了泰国笋壳鱼。然而，种苗都要依赖进口，加之异地的不适应性和长途运输的机械损伤，种苗成活率不足 10%，而且价格很高，2~3 cm 规格的鱼苗每尾 3 元，加上养殖经验不足，产量很低，全省养殖面积约 67 hm²，每公顷产量只有 1 500~3 000 kg，这种现象持续到 2003 年。养殖面积扩大较快出现在 2004 年以后，原因是经过多年养殖，笋壳鱼逐渐适应了广东省的水土气候，养殖者初步摸索了养殖方法，最重要的是突破了人工育苗技术，种苗的价格大幅度下降，3 cm 规格的鱼苗每尾只售 1 元，尤其是越冬大规格鱼种的出现，将笋壳鱼的经济养殖期从 2 年缩短为 1 年，实现了当年放种、当年收获，提高了养殖效益。

目前，广东省已有多个县市建立了笋壳鱼种苗繁育场，一些农户也利用简易方法自繁自养。据统计，2021 年全省育苗在 1 亿尾以上，不但满足了省内的放养需要，还供应到省外，为进一步推广养殖奠定了基础。成品鱼的养殖技术也日益改进，由于珠三角地区普及的简易越冬大棚为笋壳鱼的养殖提供了条件，养殖面积逐年扩大，2019 年全省养殖面积约 467 hm²，其中养殖澳洲笋壳鱼约占 60%，产量 2 800 t，产值 2 亿元。在推广笋壳鱼养殖过程中，中国水产科学研究院珠江水产研究所和广东省水产养殖技术推广总站，通过召开技术交流会、推广成功的养殖经验和指导建立良种场，促进养殖技术的成熟、普及，加快了笋壳鱼养殖业的发展。

特别是最近几年，杂交笋壳鱼的研制成功更是促进了笋壳鱼养殖业的发展。

三、海南笋壳鱼养殖现状

海南笋壳鱼的养殖始于 1994 年，开始由泰国、越南、柬埔寨进口到我国海南省，深受各地中、高档海鲜餐厅消费者的喜爱。经过多年的发展，目前笋壳鱼的全人工繁育技术、全年规模化苗种生产技术、成鱼养殖技术均已突破，可根据市场需求实现批量生产。

由于笋壳鱼属暖水性经济鱼类，在我国自然条件下，适宜养殖地区目前仅限于海南和广东、福建、广西等华南地区。海南省地处热带，相比广东等其他省份有着无可比拟的优越气候条件，是笋壳鱼规模化生产的最适宜地区。在水库自然资源条件下，笋壳鱼主食小鱼、小虾，相对乌鳢生性并不凶猛，对其他经济鱼类影响较小，对野生罗非鱼及小型繁殖生长快的经济价值较小的杂鱼，有较好的抑制作用，对维持水库中各种生物的生态平衡，改善水环境有积极的促进作用。现在海南各地区的大、中、小水库中，放养笋壳鱼种几年后，已形成了自然繁殖的大规格种苗自然群体。

第三节　笋壳鱼产业现状及养殖前景

笋壳鱼体内含 20 多种人体必需氨基酸及 10 多种微量元素，具肉质细嫩、味道鲜美、骨刺少、脂肪率低、蛋白质丰富、营养价值极高等优点。作为名贵的淡水鱼品种，泰国笋壳鱼在东南亚享有"国鱼"之称。该鱼具有对环境适应性强、便于活体无水运输和暂养等优点，出口创汇潜力大、市场价格高、市场需求量大、利润空间大，是新兴的发展优质高产高效渔业的一个重要养殖对象。

一、国外笋壳鱼养殖发展现状

笋壳鱼在国际上有较高的知名度，在澳大利亚、泰国被视为餐桌上的上等佳肴，常常作为特别菜式推荐给旅游者。目前，泰国、澳大利亚等国家的笋壳鱼远销日本、韩国、中国及其他东南亚国家和欧盟地区，是产地国效益较高的大宗出口水产品。泰国笋壳鱼由于体色稍黄，色泽鲜艳，肉质细嫩，因此市价高于体色偏黑的澳洲笋壳鱼。但由于笋壳鱼人工养殖关键技术等方面的研究未得到根本性突破，笋壳鱼在东南亚、澳大利亚等地人工养殖产业也未形成集聚化发展，传统低效的养殖技术模式仍占主导，工厂化规模养殖落后。目前，产地国的规模化养殖技术落后于我国，其出口产品中有 50％以上来源于野生采捕，养殖产业仍限于自然捕获大规格种苗养殖，资源存量一直呈下降趋势，直接导致产业核心优势竞争力缺失，从而为我国笋壳鱼产业的健康壮大提供了良好的发展契机。

二、养殖前景

近年来，笋壳鱼成为热门的人工养殖水产新优品种之一。国内对笋壳鱼的接受程度较高。当前各规格的市场售价也都相当可观：珠江三角洲每千克泰国笋壳鱼的塘头价在 80 元左右、每千克澳洲笋壳鱼约为 80 元，产品供不应求。而养殖成本通常为每千克泰国笋壳鱼 30 元以内、每千克澳洲笋壳鱼 20 多元，养殖效益较高。

广东省自 20 世纪 80 年代引入笋壳鱼，多年来在种苗繁育和养殖方面都取得了比较大的突破，目前养殖主要集中在珠江三角洲地区。笋壳鱼为底栖肉食性鱼类，养殖需要以冰鲜鱼为饵料投喂，目前有部分养殖场也在尝试人工配合饲料，一般养殖周期在 12～15 个月。池塘养殖和网箱养殖方式都可利用，但笋壳鱼一般需要越冬才能养成上市规模，而越冬温度不能低于 15 ℃，所以养殖地点需要搭建专门的越冬棚。

随着杂交笋壳鱼的繁殖成功，未来几年有条件的地方都可开展笋壳鱼养殖，养殖面积和产量将有较大幅度的增加，商品鱼对市场的冲击将逐渐体现，进口鱼的比重将降低，价格将下滑。

但是国内市场目前尚未满足，还有广阔的国际市场，因此养殖笋壳鱼近期的市场前景应是稳定向好的。随着苗种繁殖技术的日益成熟，以及下一步人工饲料的开发成功，未来两三年笋壳鱼的市场价格将逐渐走低，根据各养殖户的实际养殖情况，如果成本能控制得好，利润还是比较高的。

（一）市场前景

（1）笋壳鱼是外国引进品种（泰国和澳大利亚），加之肉质鲜美、营养价值高，为此自引进之日起便定位为高档水产品而深受消费者欢迎。在上海、天津、北京等大城市的日消费量与日俱增，在重庆、西安、合肥等相对缺乏海鲜产品的内地城市倍受欢迎。据多年跟踪统计，除 2009 年上半年受经济危机大环境以及 2021 年上半年新冠疫情影响外，泰国笋壳鱼的塘头价一直稳定在 80 元/kg 以上，澳洲笋壳鱼的塘头价一直稳定在 50 元/kg 以上。随着冷链物流对全国各线城市市场的开发，笋壳鱼的销量必定逐渐增长。

（2）市场需求逐年扩大。从商品笋壳鱼市场需求来分析，2007 年以前商品笋壳鱼主要从东南亚各国进口，供应广东、上海高档海鲜酒店，市场收购价均在 160 元/kg 以上，市场扩大速度缓慢，除价格略高之外，主要因素是商品笋壳鱼供货量有限。

从 2006 年起，国内笋壳鱼人工繁育技术有所突破，商品笋壳鱼的养殖技术逐步完善，笋壳鱼养殖首先在广东地区得到了发展。

2008 年，广东地区笋壳鱼养殖产量大幅度提高，造成了暂时性的市场供过于求的局面，市场批发价由 160 元/kg 跌到 80 元/kg 左右，但海鲜酒店消费价格仍未见下降。在货源充足、价格合理的条件下，笋壳鱼以肉质细嫩、刺少、味美的优良品质，又很快受到了各地消费者的青睐。

到 2009 年，除广东、上海外，重庆、成都、长沙、武汉、北京、天津等地日均消费量均达到 1 000 kg 以上。

根据有关媒体分析，综合近几年国内笋壳鱼的消费市场需求，当商品笋壳鱼价格在 90～110 元/kg 时，以我国大、中城市计算，估计年需求量在 15 000 t 以上，可见笋壳鱼需求量仍呈逐步扩大的态势。而商品笋壳鱼因各地区条件及养殖方法不同，成本价介于 30～40 元/kg，笋壳鱼养殖生产的经济效益非常可观，在人工养殖鱼类中属高价位的名贵品种，具有很大的发展空间和升值潜力。

（二）发展前景

笋壳鱼养殖业在我国特别是南方地区方兴未艾，预测今后几年养殖面积还在继续扩大，养殖技术更加成熟，泰国笋壳鱼和杂交笋壳鱼为主要养殖品种，国内和国外市场逐渐开发，养殖产量提高，成本进一步下降，规模性经济效益将会出现，笋壳鱼成为我国南方地区重要的养殖品种之一，主要原因如下：

1. 独特的品种优势　笋壳鱼是一种较大型的淡水优质鱼类，其肉质好、耐低氧，可长时间离水活体运输，十分适合现代市场的要求，是一般鱼类不具有的优势。产品市场需求量大，而原产地国的产品主要来自天然捕捞，因为自然资源具有有限性，所以人工养殖是满足市场需求的唯一途径。我国笋壳鱼人工养殖正逐步兴起，产品远未满足国内外市场的需要。

2. 我国南方地区养殖笋壳鱼的综合条件较好　笋壳鱼属热带鱼类，纬度过高的地区人工养殖成本过大。我国华南地区气候温暖，水产养殖技术和水产商品市场发达，尤其是珠江三角洲地区的地理位置在北回归线以南，年间阳光充沛，冬季搭建简易的保温大棚就可以让笋壳鱼安全越冬，节省了人工加温成本。而越冬大棚养殖技术在珠江三角洲地区已经普及，这也是笋壳鱼最先在该地区养殖起来的原因。因此，珠江三角洲地区将是国内笋壳鱼最大的养殖区，也可能发展成为世界上人工养殖笋壳鱼最发达的地区。

3. 笋壳鱼养殖发展速度正常　历史的经验告诉我们，推广一个外来的水产品种要经若干年的时间。以同是从东南亚引入的罗氏沼虾为例，1975—1981 年才完成引种和成功地孵出第 1 批虾苗，1982—1990 年还处在高产养殖摸索阶段，1990 年以后才真正进入大面积推广养殖。罗氏沼虾从引种到养殖技术成熟用了近 20 年的时间，而目前引进笋壳鱼也只有 20 多年，目前我们已经掌握了人工育苗技术和养殖经验，进入养殖技术成熟推广生产阶段。预见未来的几年，在市场动力的催化下，笋壳鱼的养殖技术将迅速进入更加成熟的时期。

4. 养殖经济效益好　一个水产品种开始养殖时，由于产量低、成本高，价格往往也偏高。随着技术成熟、产量上升、成本下降，价格也就必然下降。规模化的养殖效益不是产生在开始的"酒楼价格"阶段，因为价格过高限制了市场的需求量。只有当养殖技术成熟、产量增加、成本和价格下降，产品进入寻常百姓家才能拉动生产，获得最大的经济效益。目前，笋壳鱼的养殖也在沿着这条路前进。

三、笋壳鱼产业发展存在问题

（一）种质问题

目前，我国养殖的笋壳鱼主要还是由野生种家养驯化而成的，且当时引进时的奠基种群太小，加上引种30年来不注重亲本留种的操作规程，甚至大部分苗种场为了生产上的方便，将上年卖剩的鱼作为亲本进行繁殖，致使笋壳鱼种质质量有所下降，表现为生长速度下降、性成熟提前、病害增多等，已严重制约我国笋壳鱼养殖业稳定、健康和可持续发展。

（二）养殖关键技术有待突破

随着笋壳鱼在国内外市场前景的日益增加及国内养殖规模的迅速增长，关于笋壳鱼的研究也在逐步开展，国内已有很多有关笋壳鱼的养殖健康技术与模式介绍，池塘规模化育苗技术，稚、幼鱼的生长发育等方面的研究报道，但仅停留在表面的认知层面，对于各生长阶段的笋壳鱼的食性及营养需求量、配合饲料的研制与饲料驯化等方面缺乏深入研究，在国内外几乎是空白，目前笋壳鱼养殖主要还是以冰鲜小杂鱼为主。目前，笋壳鱼产业化发展仍面临两大主要问题：一是种苗产业工厂化安全繁育技术落后。笋壳鱼捕食能力，尤其是泰国笋壳鱼主动摄食能力较差，苗期以活动物性饵料为食，容易互相残食，而幼鱼各阶段活饵料的培育及苗种繁育技术复杂，导致能大规模应用的具有自主知识产权的高安全笋壳鱼种苗缺乏，直接制约种苗繁育生产规模。二是笋壳鱼健康养殖关键技术尚未完全稳定，安全养殖过程缺乏控制。笋壳鱼作为肉食性鱼类，喜温好静，一般不宜发病，但气温低时（冬、春季）烂身病高发，且缺乏有效的防治技术，造成药物滥用，导致药物残留等潜在食品安全问题的出现，对笋壳鱼养殖业健康发展造成影响。

（三）人工配合饲料问题

除了套养外，池塘和网箱养殖的笋壳鱼主要还是采用冰鲜小杂鱼作为主要饵料，这些饵料大部分是从海洋捕捞来的。一方面，由于海洋捕捞的量有限，目前获得的冰鲜小杂鱼已很难满足日益增长的水产养殖的需要，导致冰鲜小杂鱼的价格不断攀升，由十几年前的 1 元/kg 涨到现在的 3~5 元/kg，提高了笋壳鱼养殖成本。另一方面，冰鲜鱼，尤其是不新鲜的冰鲜鱼易带菌，容易感染笋壳鱼。投喂冰鲜鱼的养殖模式，工人的工作量增大，养殖的环境卫生条件也受到影响，这使得笋壳鱼工厂化养殖和无公害水产品的生产受到严重制约。自进入 21 世纪以来，很多业内人士就已经看到了笋壳鱼产量逐年增长所带来的饲料市场空间，相关的研究机构和饲料企业都投入了大量资金和精力进行笋壳鱼饲料的开发，试图攻克这一难关，也取得了一定进展。广东某些地区，尝试用配合饲料和冰鲜小杂鱼混合投喂笋壳鱼，取得了不错的养殖效果。相信在不久的将来，一定能突破笋壳鱼配合饲料研制与应用这一难关。

（四）养殖病害问题日益严重

长期以来，笋壳鱼的养殖者为了追求产量和效益，养殖密度不断提高，加上笋壳鱼的种质退化，导致病害频发。目前，笋壳鱼的常见病有十几种，包括寄生虫、病毒病和细菌病，也有多病原综合发病现象。有些病，如溃疡病和病毒病给养殖者带来了巨大的经济损失，且目前还没有相关病害的疫苗。随之而来的是药物滥用现象较为普遍，水产品质量安全得不到有效保障，给产业可持续发展带来严重影响。

（五）缺乏科学规划，养殖风险突出

目前，笋壳鱼产业发展仍然以养殖企业及养殖场为主要推动者，政府辅助，农户自动组织，缺乏科学规划，养殖管理方式落后，养殖风险突出。具体主要体现在 2 个方面。

1. 企业化管理组织度低　虽然近年来笋壳鱼产业链发展不断成熟，产业发展区域也相对集中，华南地区主要分布在珠江三角洲一带。但调查结果表明，目前笋壳鱼苗种繁育及商品化养殖主要还是以个体养殖户家庭式、小规模养殖为主，集约化、企业化经营组织程度低，企业从业人员科学素养较低，缺乏现代化、战略化发展规划与管理，增加了养殖风险，直接影响了笋壳鱼产业化健康发展。

2. 养殖模式传统落后　目前，笋壳鱼养殖仍然以传统的池塘粗放式养殖为主，不仅面临着资源、环境等多种因素的制约，而且还容易引起大量有机物质，如残饵、粪便等进入水体和底质，增加养殖病害风险，引发药残等食品安全问题。由于未能全面掌握解决笋壳鱼各生长阶段的营养需求等原因，工厂化养殖目前停留在形式上，养殖过程难以控制，直接导致养殖成活率低、养殖效益差、养殖风险加大，制约笋壳鱼产业养殖规模的形成与扩大。

（六）可追溯的安全优质的养殖笋壳鱼品牌产品尚未形成

自 2010 年以来，虽然像广东等省份加强了名牌农产品申报及管理工作，并进行了广泛宣传及政策鼓励，但由于受国内笋壳鱼养殖发展历史不长、养殖

规模有限、市场空间尚未充分拓展等多种因素影响，以及养殖业者对品牌建设意识比较淡薄等原因，目前笋壳鱼品牌建设工作相对滞后。同时，由于缺乏支撑笋壳鱼产业及产品安全溯源、监测、预警、生产和加工过程的安全控制技术，导致笋壳鱼产品的溯源性、安全性、健康性难以得到有效监控，"药物滥用、环境污染"等现代水产养殖业亟待解决的关键技术难题在笋壳鱼养殖业中也依然存在，制约了可追溯的安全优质的养殖笋壳鱼品牌产品的形成。因此，即使出产的笋壳鱼产品安全优质，但由于缺乏主流品牌主导，易与普通产品混淆，其价格优势也难以体现。加之企业之间及养殖户之间没能形成竞争合力，削弱了优质产品市场竞争力，进一步影响安全优质的养殖笋壳鱼品牌产品的形成及健康壮大。

四、笋壳鱼产业化发展对策

（一）加大产业化扶植力度

近年来，在市场需求的有效带动下，笋壳鱼养殖产业迅速发展，养殖面积逐步扩大，目前华南地区笋壳鱼养殖面积已达到 3 000 多 hm^2。伴随着笋壳鱼养殖规模的扩大，其产业链也不断延长，包括笋壳鱼种苗繁育、商品鱼物流销售及饲料加工业等相关产业均得到长足发展。笋壳鱼养殖产业也实现了从家庭式、小规模经营向集约化、企业化经营的逐步转变。但由于政府缺乏必要的整体规划，产业化扶持与干预程度降低，先进的养殖管理技术模式难以得到及时有效的推广，笋壳鱼科研、苗种、养殖、流通、加工、饲料和技术推广等各环节均处于各自独立的状态，散户多、产业化程度低、公司化运作管理欠缺等现象还未得到根本改善。加之近年来养殖环境复杂化，病害增多，导致新增从业者笋壳鱼养殖成活率下降，效益下滑，已逐步成为制约笋壳鱼产业健康发展的重要因素。因此，要实现笋壳鱼产业持续健康发展，应由政府相关部门主导，通过完善工厂化养殖技术、养殖过程安全控制技术及先进的管理模式，加大产业化扶植力度及先进的、实用的笋壳鱼产业相关成果推广力度，综合运用政府和市场两种力量来推动，在鼓励企业化管理运作基础上，实施科技入户技术指导，打造产品品牌，提高养殖笋壳鱼的经济效益，降低养殖风险。

（二）加快先进的养殖模式技术推广

工厂化养殖作为一种新的有机结合传统水产养殖方式与现代科技工艺的水产品高效生产方式，能使养殖品种在最佳环境下达到最快的生产速度。尤其是工厂化循环养殖方式具有不受气候环境影响、节水、省地、环保、单位面积生产量高等诸多优点，已逐渐成为现代水产渔业的发展方向。实践结果也表明，作为实现水产品质量安全的新途径，工厂化车间养殖笋壳鱼效益良好，通过对生产过程中的饵料、污物、水质等各因素或环节进行人工控制或自动控制，在每立方米水体可养殖产出 50 kg 以上商品鱼的基础上，大大降低病虫害的发生，实现对产品质量安全进行有效控制。作为一种高回报率的模式与产业，工厂化养殖笋壳鱼同样面临养殖成本高、投资周期长、技术门槛高等问题。因此，迫切需要政府加强主导，增加投入，在加快推广简易池塘工厂化养殖、推进车间工厂化养殖模式的基础上，逐步向工厂化"循环养殖"模式转变。此外，还需加快新型高效养殖技术的研究与转变。目前，笋壳鱼养殖技术单一、养殖成本高。以澳洲笋壳鱼养殖为例，澳洲笋壳鱼养殖以自配冰鲜饲料或直接投喂活饵为主，该养殖方式不仅成本高，而且还容易导致病害发生，养殖效益低下。通过研究利用全价浮性膨化饲料取代鲜活饵料对澳洲笋壳鱼进行驯化养殖，结果表明，人工配合饲料殖方式的推广，能有效改变国内目前单靠鲜活饵料饲养笋壳鱼的落后局面，促进国内笋壳鱼养殖产业规模化、产业化发展，对广大养殖户实际生产也具有重大的应用价值。

（三）完善联结预警机制，保障产品安全

2009—2012 年，全国农业工作会议渔业专业会议进一步明确了水产健康养殖、着力解决水产养殖业发展面临的资源环境约束、产品质量安全等重大问题，并将扎实推进现代渔业建设作为首要目标和任务。在保障水产品质量安全上，农业农村部一直坚持产管结合、标本兼治，打好"组合拳"。2019 年，农业农村部等十部委联合发布《关于加快推进水产养殖业绿色发展的若干意见》，明确提出保证水产品质量安全的 3 项措施：一是强化投入品管理；二是加强质量安全监管；三是加强疫病防控。水产品安全工作必须始终贯彻到水产养殖的各个环节。在全面建立"五项制度"（生产日志制度、科学用药制度、水产品加工企业原料监控制度、水域环境监测制度和产品标签制度）的基础上，还需推广应用出口注册场管理办法，在政府相关部门的主导下，鼓励企业明确养殖责任人制，以过程性监测为重点，确保产品无病原微生物（寄生虫）侵害，无有毒有害物质残留。采取政府强制性检测与业主自律性检测、市场准入检测相结合，建立健全的适合水产行业现状的产品质量安全监测制度，积极推动定期发布笋壳鱼产品质量安全监测信息，对产品质量安全状况实行有效监控。将先进信息技术与笋壳鱼水产养殖业有机结合，在实现生产记录（包括生产责任人、生产日期、养殖饲料、用药情况等）可查询、产品加工及流通储运可追踪追溯，逐步形成笋壳鱼产品产销一体化的质量安全追溯信息网络的同时，还需加快完善预警机制建设，建立安全优质养殖笋壳鱼品牌和可追溯体系，对存在问题的养殖产品及养殖企业做到随时可查，从而引领笋壳鱼养殖产业乃至整个现代水产业，走向规模化、高端化和专业化，确保广大人民群众能吃上安全、放心的水产品。

第二章

生 物 学 特 征

第一节 云斑尖塘鳢

云斑尖塘鳢（*Oxyeleotris marmoratus*）分类上隶属于鲈形目（Perciformes）虾虎鱼亚目（Gobioidei）塘鳢科（Eleotridae）尖塘鳢属（*Oxyeleotris*），在泰国称为砂虾虎，在越南称为大鳢，在我国香港、珠江三角洲则习称为泰国尖虾虎、泰国笋壳鱼。该鱼原产于东南亚的江河、水库或湖泊中，是热带和亚热带中型经济鱼类之一，最大个体可达 5～6 kg。该鱼肉质细嫩，味道鲜美，在日本、东南亚各国和我国香港、澳门、台湾等地区深受消费者欢迎，是淡水养殖鱼类产品中的主要名贵鱼类。

一、自然分布

云斑尖塘鳢主要分布于湄公河水系的柬埔寨、老挝、缅甸、泰国和越南，因其具有个体大、生长快、无细刺、肉质鲜美、营养价值高等优点，在国际上享有较高知名度，是热带和亚热带的优质淡水鱼之一。

二、生物学特性

（一）外形特征

云斑尖塘鳢形似笋壳，前段粗大呈圆柱状，向后渐缩延长，体宽约为体长的 2/7，体长为体高的 2.0～2.4 倍，体长为头长的 3.1～3.8 倍，头长为吻长的 2.9～3.9 倍，头长为眼径的 4.8～6.5 倍，头长为眼间距的 1.4～1.8 倍。

头宽大而扁平，嘴宽，嘴角下斜，与眼同宽。吻短而钝，口前位，下颌稍凸出，口裂大、斜；眼小，不凸出，上侧位；每侧 2 个鼻孔，前鼻孔圆，有小鼻瓣，后鼻孔小，长而圆形。上、下颌齿多行，细小，中间处具有 4～5 个较粗大尖长细齿，犁骨及鳃骨均无齿。舌端宽圆、游离，鳃孔大，侧位，颊部较宽，鳃盖膜发达。

头背及腹部被圆鳞，体被栉鳞；无侧线，体侧有若干条类似于侧线鳞的横向突起条纹。纵列鳞 60～102 个。背鳍 2 个，分离，前背鳍条为硬棘；胸鳍大，呈扇形；腹鳍胸位；尾鳍圆形；鳍式：DVI. I‐11～12，VI‐5～6，AI‐9～10，C18～19，P18～20。体色为黄褐色，体侧具 5～6 个纵向大深褐色斑块，腹部淡黄色，鳍上常有纵向的深褐色条纹或小的深褐色斑点。体侧具云状斑块，尾柄上方无点状斑，背部有暗绿色线纹，鳍上也常有纵向的深褐色条纹或小的深褐色斑点。

（二）体色及体重

体表颜色会随着周围水质和环境不同而变化。云斑尖塘鳢最大个体长60 cm，重达 5～6 kg。

（三）内部结构

消化系统包括口腔、食道、胃、肠、肝、胰、胆囊和肛门。胃发达，"Ⅰ"形，壁厚，贲门、幽门部分界不明显，无幽门盲囊；肠粗短，消化道长为鱼体全长的 36.46%～36.73%，肠曲 2 个并有 5～6 个小曲。闭鳔，从腹腔延伸至臀鳍起点。肝 1 叶；胆囊卵圆形，深绿色；胰腺为弥散性腺体，分散于胃及肠体表面。脾圆形。生殖腺 2 叶，雌雄异体。

（四）细胞核型

雌雄异体。染色体数目为 $2n=46$，核型公式：$2 sm + 2 st + 42 t$，$NF=48$。

（五）生活习性

云斑尖塘鳢属肉食性、底栖、喜穴居鱼类，畏光，喜欢藏于石头缝隙、洞穴中，不喜游动，与其他肉食性鱼类乌鳢、鳜相比，其生性并不凶猛。平时只是静静地待在水中，只有当它的食物（小鱼、小虾）游近时才变得凶猛。捕食时，会变得很灵活，能迅速追逐猎物。养殖水温为 15～33 ℃，适宜温度为25～30 ℃，下限温度为 10 ℃，上限温度为 37 ℃，适宜 pH 为7～8.5。能在pH 6.5 的酸性水体和盐度为 10 的半咸水中生长。

云斑尖塘鳢为底栖穴居鱼类，喜居于水质较清或有微流水的水体的底部、草丛、砂石缝隙或洞穴之间。游泳速度较慢，不能长距离游动；性情温驯，对低氧环境适应力较强，离开水体可存活 15 h 以上，在潮湿淤泥中可存活 24 h以上。云斑尖塘鳢多在夜间活动，最适生长温度为 15～35 ℃，最适温度为25～30 ℃，22 ℃以下摄食不正常，15 ℃以下活力明显减弱，长时间处于 10 ℃以下会大量死亡。

（六）食性

云斑尖塘鳢以肉食为主，但生性并不凶猛，其食物组成根据鱼的生长阶段而变化。仔鱼开口饵料主要是单胞藻和微小轮虫；幼鱼阶段以轮虫、枝角类、桡足类、底栖水生昆虫幼体和环节动物等为主；成鱼主要以小鱼、小虾、甲壳类、软体动物、水生昆虫及幼体为食。在人工培育条件下，体长

1.5 cm 以上鱼苗可摄食虾苗和家鱼鱼苗，经驯食后可摄食新鲜或冰冻鱼糜、碎鱼块或人工配合饲料。云斑尖塘鳢的耐饥饿能力很强，一次饱食后可多天不摄食。

体长 2.0～2.5 cm 的鱼苗，以微生物枝角类、桡足类（鱼虫）等活饵为食，养殖生产中可通过分隔养殖水体、增施有机肥培育微生物、集中育苗的方法解决。

当鱼苗体长达 4 cm 以上时，鱼苗多表现为静候捕食活饵料，适口饵料为摇蚊幼虫、虾苗及鱼苗等，可选择培育体型小、繁殖快的鳉类鱼种（俗称大肚鱼）及淡水青虾苗，或定期分批投放已淡化的罗氏沼虾苗。此阶段是鱼苗快速生长期，饵料充足，鱼苗长得粗壮，要避免饵料不足造成相互残食，有效地提高成活率，俗有"养好小鱼、虾，肥了泰国笋壳鱼"之说。体长 10 cm 以后主要饵料为小虾、小鱼。在人工饲养条件下，当鱼苗体长 10 cm 以上，体重20～50 g，活饵料不足时，较适宜进行人工饵料驯化，可投喂冰鲜鱼肉碎块或人工配合饲料。

（七）生长特性

云斑尖塘鳢幼鱼生长缓慢，体重达 75～100 g/尾以后生长加快。放养的鱼苗当年体长可达 15～20 cm，体重可达 50～100 g；翌年体长可达 30 cm 以上，体重达 400～700 g。

人工养殖条件下，在广东地区放养 5 cm 左右的苗种，养到商品规格要用 18 个月以上，若在 4—5 月大塘水温达到 20 ℃以上时放养 30～50 g/尾的大规格种苗，经过 6～7 个月的养殖，可以达到上市规格。

（八）繁殖习性

云斑尖塘鳢 2 龄时达性成熟，25 ℃以上开始产卵，成熟亲本最小个体体长 15 cm 以上，体重 75 g 左右。性成熟的雄性个体一般较大且色泽较黑，外生殖器凸出，末端尖细，尾端红肿，轻压腹部就有精液流出；雌性个体体色较浅，外生殖器末端钝形并且红肿，腹部膨大，卵巢轮廓非常明显。在我国江浙沪一带云斑尖塘鳢的生殖季节为 6—10 月，云斑尖塘鳢的相对怀卵量为 70～220 粒/g，产卵适宜水温为 27～32 ℃，雌鱼多在其居住的洞穴、瓦片或杂草中僻静处产卵。产卵前，雄鱼选择合适的巢穴，然后诱赶雌鱼进入穴中产卵。产卵结束后，雄鱼就会驱赶雌鱼，独自守卫在鱼巢中直至仔鱼孵出离巢为止。

第二节　线纹尖塘鳢

线纹尖塘鳢（*Oxyeleotris lineolatus*）分类上隶属于鲈形目（Perciformes）

虾虎鱼亚目（Gobioidei）塘鳢科（Eleotridae）尖塘鳢属（*Oxyeleotris*）。

一、自然分布

　　线纹尖塘鳢原产于澳大利亚沿岸及内陆的小溪和咸水湖中，主要分布在菲茨罗伊河北部、约克角和卡奔塔利亚湾。通常懒散地分布于水草及平静的水域中，全长约达 30 cm。喜食淡水小龙虾、小鲷及闪光鲈等。该鱼肉质细嫩、味道鲜美，深受国内消费者欢迎。该鱼广泛分布于澳大利亚北部地区的江河、湖泊中，在流入卡朋特海湾的各河流中资源量较丰富，在昆士兰中部罗克汉普顿城附近的 Fitzroy 河中也有种群分布，体重可超过 3 kg。昆士兰第一产业部（QDPI）在昆士兰的沿海河流中进行线纹尖塘鳢增殖放流，以提高资源量。线纹尖塘鳢是澳大利亚工厂式循环水槽与网箱养殖业极具潜力的养殖品种，但苗种来源主要靠在天然水域与池塘中采捕，价格高昂。

二、生物学特性

（一）外形特征

　　体长为体高 3.51～4.94 倍，为头长的 2.79～3.31 倍；头长为吻长的 3.70～5.30 倍，为眼径的 6.00～7.34 倍，为眼间距的 3.48～5.08 倍。背鳍 Ⅴ～Ⅵ，Ⅰ-9～10；腹鳍 Ⅰ-5；臀鳍 Ⅰ-8～10；尾鳍 22～28；胸鳍 15～17；无侧线，纵列鳞 63～67，横列鳞 19～23。体前部近圆形，由前向后渐侧扁。背缘隆起，腹部较平直。头中等大，前部平扁，头宽与头高几乎相等。面颊肌肉发达。吻长大于眼径，眼较小，在头的前半部，眼间隔宽平，眼下平滑。眼下颊部具感觉突，6 条纵纹，1 条横纹，2 条斜纹。纵纹，口裂后 2 条，上不伸达眼下；眼下 3 条，止于横纹；横纹从口裂至前鳃盖骨前，终点有 1 条较短的纵纹，斜纹均起于最后 1 条纵纹，相交后延伸几乎达到前鳃盖骨。鼻孔每侧 2 个，前鼻孔圆形，有短小鼻瓣；后鼻孔大，椭圆形。口大，前上位，下颌凸出，稍长于上颌；上颌骨后端伸达眼中部下方，上、下颌齿细小，多行。犁骨和腭骨均无齿。舌端宽圆，游离，无齿，上布小黑点。鳃孔大、侧位，鳃盖膜发达与颊部相连，颊部较宽。肛门在臀鳍起点前方，与第 2 背鳍起点几乎相对。腹部、头背部被小圆鳞，鳃盖被中等大的圆鳞，体被栉鳞。

　　背鳍 2 个，分离。第 1 背鳍起点在胸鳍基部后上方，第 3 和第 4 鳍棘最长，后部鳍棘较短（压倒后不伸达第 2 背鳍起点）。第 2 背鳍较第 1 背鳍高，基部长，中部数鳍条较长，后部鳍条较短（压倒后不伸达尾鳍基部）。胸鳍扇形，长及肛门后。腹鳍胸位，起点在胸鳍基部下方；内侧鳍条长于外侧鳍条。尾鳍圆形。肛门和生殖乳突灰白色，基部密布小黑点，生殖突粗宽

（雌）或尖细（雄）。鳃耙稀疏，鳃弓两端粗短，中段细长，鳃耙数为 8～12＋3～4。上咽齿 1 对，各由 3 块小骨组成；下咽齿 1 对，犁形；咽齿密布绒齿。

（二）体色

笋壳鱼体灰色，微蓝，腹部浅灰色；背部隐有 9 条横向不明显的斑状条带；体两侧各具 10～11 条纵条纹。背鳍、胸鳍和尾鳍灰色，腹鳍、臀鳍浅灰色，边缘稍带黄色。各鳍条间膜密布小黑点。第 1 背鳍鳍棘具有数纵列黑色点列；第 2 背鳍各鳍条具 6 条黑色条纹。胸鳍和腹鳍后基部灰白色，尾鳍各鳍条上有侧"八"字形黑斑。体色可随环境不同而改变。

（三）内部结构

胃发达，"Ⅰ"形，胃壁厚，贲门部、幽门部和盲囊部分界不明显。消化道长为体长的 0.48～0.8 倍，肠曲 2 个，并有 2～3 个小曲。闭鳔。肝 2 叶，肝重为体重的 4.1%～7.2%；胆囊卵圆形，深绿色。胰为弥散性腺体，分散于胃体表面。脾条状。生殖腺 2 叶，雌雄异体。脊椎骨 26～27 枚，肋骨 10～11 对。

（四）细胞核型

线纹尖塘鳢的细胞核型，其染色体数目为 $2n=46$，其中亚中部着丝粒染色体（sm）1 对，亚端部着丝粒染色体（st）4 对，端部着丝粒染色体（t）18 对。核型公式为 $2\,sm+8\,st+36\,t$，NF＝48。染色体的相对长度介于 1.37%～3.48%，有连续性。在线纹尖塘鳢的染色体观察中未发现与性别有关的异型染色体，也未发现有次缢痕及随体等标志性特征。

（五）生活习性

线纹尖塘鳢为热带暖水性鱼类，畏冷，适宜生活水温为 18～32 ℃，最适水温为 24～30 ℃，18 ℃以下停止摄食，10 ℃以下会冻死；喜弱酸性水域，适宜 pH 为 5.2～8.2，最适 pH 为 6.5～7.5；能正常生活于盐度 15 以下的咸水和纯淡水。

（六）食性

自然水域中，线纹尖塘鳢幼成鱼以活动力较弱的小鱼、虾，如沼虾、栉虾虎鱼等为食，也摄食底栖水生昆虫幼体和环节动物如摇蚊幼虫和水丝蚓等。在人工池塘养殖条件下，1.5 cm 稚鱼可以驯食人工混合饲料，2.7 cm 以后的早期幼鱼，鱼糜为主的混合饲料摄食率达 100%，蛋白质营养需求在 38%左右，饵料系数为 5.2～6.8。线纹尖塘鳢属占地穴居性鱼类，对食物先窥视后吞食，很少游动掠食，为昏晨摄食型鱼类，晚间觅食活动频繁。

根据其食性，在培苗早期，鱼苗全长 0.9 cm 前，投放豆浆和饲料酵母，先将黄豆加水浸泡，然后用渣浆分离的磨浆机磨成浆，再加入饲料酵母，每天全塘泼洒 2 次，每次 15 kg/hm²，豆浆＋45 kg/hm² 的饲料酵母，泼洒时间为 9:00 和 17:00 左右。泼洒的豆浆与饲料酵母主要是继续培育轮虫，维持 10 个/mL 以上的丰度。鱼苗全长 0.95 cm 后，应施肥，以发酵好的鸡粪（300 kg/hm²）装于蛇皮袋中投放，促进枝角类和桡足类繁衍。鱼苗全长 1.50 cm 后，先投喂成条的水丝蚓，再投喂人工捞取的枝角类、桡足类或切碎的水丝蚓，逐渐过渡至全部投喂水丝蚓，投喂时间为 8:00 和 17:00，投料量为鱼体重的 80%～100%，同时设置 60～90 个/hm² 的食台，食台离塘堤 2 m 左右，沉至塘底，逐步引诱至集中投喂。

（七）生长特性

1. 周年生长节律　池养线纹尖塘鳢在 1～2 周年内的体长生长较快，并呈现阶段性。第 1 年，6—12 月生长最快，为大生长期，第 1、第 2 年的月均生长指标分别为 1.86 和 1.00；翌年 1—4 月生长较慢，为小生长期，月均生长指标分别为 1.25 和 0.34。以后的周年生长趋势与第 1、第 2 周年基本相同。体重增长变化与体长增长变化一致。

2. 体长与体重关系　线纹尖塘鳢体长与体重关系式为 $W＝aL^b$。式中，W 代表体重（g）；L 代表体长（cm）；a、b 为常数。经计算求得幂函数回归方程为 $W＝0.02L^{3.0754}$，指数 b 接近 3，符合等比生长规律，表明各饲养阶段在保持池塘一定的载鱼量条件下，其体长、体重生长均匀。

3. 肥满度　冬季，在具保温设施的池养条件下，线纹尖塘鳢每年 5—9 月肥满度均较高，Fulton 系数（$K＝100WL^{-3}$）介于 2.29～2.93，此时正是性腺成熟、产卵期。观察表明，肥满度与水温的变化相关，水温上升，Fulton 系数增大。

（八）繁殖习性

线纹尖塘鳢在澳大利亚 11 月至翌年 3 月为产卵期，1—2 月为盛产期。在我国 4—10 月为产卵期，4—6 月、8—9 月为盛产期。

体长 25 cm、体重 285 g 的雌鱼怀卵量约 13 万粒，相对怀卵量为 470 粒/g。成熟最小个体，雌鱼体长 15 cm、体重 75 g；雄鱼略小于雌鱼。繁殖季节，成熟的雌鱼体色浅，体表粗糙，腹部膨大而柔软，生殖突膨大，微红，呈扇形，孔周无色素点。成熟雄鱼体色较深，斑纹明显，体表稍光滑，生殖突小而呈三角形，孔周有少许黑色斑点。在珠江三角洲地区，生殖季节为 4—10 月，属多次分批产卵型鱼类，每次产卵间隔 30～40 d。线纹尖塘鳢一年产卵 2～4 次，每次产卵 1 万～2 万粒，较大个体可产卵数万粒。产卵适宜水温 25～31 ℃。线纹尖塘鳢在水温连续一个阶段达 22 ℃ 以上时，开始产卵。繁殖季节会选择附着物，一般多在其栖息的洞穴或人工搭设的巢穴中产卵。产卵前，雄鱼选择鱼巢，然后诱引雌鱼进入巢穴产卵，产卵多在夜间或凌晨进行。产卵受精结束后，雄鱼独自守护在鱼巢中，直到仔鱼孵出。线纹尖塘鳢的受精卵卵径为0.8 mm。受精卵浅金黄色，均匀附着在鱼巢表面，略呈椭圆形，长径2 mm，短径0.8 mm，在26～26.5 ℃水温下，经36 h孵出仔鱼。再经48 h左右卵黄囊消失，开始平游，进入稚幼鱼培育期。

第三章

规范化养殖场规划与建设

第一节 设计原则与场地规划

在选定建设养殖场地点后，即对养殖场进行全面规划和总体布局。每个养殖场都由养鱼池、排灌系统、管养房、道路及其他配套设施组成。为了使养殖场结构合理，功能先进，应根据建设养殖场的条件与标准选择适宜的场址，根据养鱼池及其配套设施做好规划设计。

一、水产养殖场的规划建设及布局

（一）基本原则

1. 合理布局 根据养殖场规划要求合理安排各功能区，做到布局协调、结构合理，既满足生产管理需要，又适合长期发展需要。

2. 利用地形结构 充分利用地形结构规划建设养殖设施。

3. 就地取材，因地制宜 在养殖场设计建设中，要优先考虑选用当地建材，做到取材方便、经济可靠。

4. 搞好土地和水面规划 养殖场规划建设要充分考虑养殖场土地的综合利用问题，利用好沟渠、塘埂等土地资源，实现养殖生产的循环发展。

此外，在建场过程中，除了必须掌握在工程建筑中节省材料、节省劳力和方便施工这三大原则外，还要根据养鱼场建造特点合理布局，做好总体规划，充分利用地形，合理调配土方，尽量就地取材，节省时间和运输费用。

（二）建场规划

规划时不仅要制订当前的任务和规模，而且还应提出切实可行的远景规划。

1. 规模大小 应根据生产需要和场地大小而定。在资金和劳动力不足的情况下，可分期分批逐步完成。

2. 规划范围 应根据当地自然条件，围绕促进渔业生产，兼搞一项或几项其他副业。首先，安排各类池塘的建造面积，一般鱼苗池、鱼种池和成鱼池所占面积的比例为 5∶10∶85。其次，安排管理房、工具房、饲料仓库和实验室的建设。

3. 土地区划　应本着有利于渔业生产，避免与其他农副业发生矛盾，尽量做到协调一致。中心开阔地带主要用来建筑鱼池，四周若有荒山坡地，可根据各地特点开展综合利用，多种经营。

（三）养殖场布局

1. 一般养殖场布局　因自然条件和经济条件不同，各地养殖场的布局及场房、机械设备的配套各不相同。一般自然和经济条件较好的养殖场，其总体布局要逐步趋于合理化。

（1）鱼池布局。鱼池是养殖场的基础，一个完整的养殖场应具备鱼苗培育池、鱼种池、成鱼池 3 种类型的鱼池。

（2）渠道布局。渠道是养殖场的命脉，它担负着鱼池进、排水功能，有的还要起运输作用。在布局上应使每个鱼池都能与进、排水渠道相通。通常采取相邻两排鱼池共用一条进水或排水渠道，进、排渠道相间，与鱼池短边平行。

（3）道路布局。养殖场的道路是鱼产品和各类物资运输的通道。道路分主干道和支道，之间相互连通，直达鱼池，担负着全部运输任务。养殖场的主干道一般纵横全场或环场一周，而鱼池间堤即为支道。

（4）房屋布局。一般情况下，养殖场的办公室和实验室设置在一起，位于养殖场中央，以便于在行政上和生产上进行全面指挥。生产管理房和职工宿舍设置在一起，分片坐落在养殖场的不同生产作业区，以利于生产和生活。仓库、饲料加工厂和其他房屋，根据其性质与规模，可以集中布局于一区或分散于几个区。

（5）抽水动力设备布局。抽水动力设备应根据养殖场的水源条件和生产规模进行布局，一般设在近水源处，以便综合利用动力，避免多次提水而浪费能源和设备。在规模较大、场地较长的养殖场，应安排 2 处或 3 处泵站，以便及时、足量地给鱼池供水。

2. 不同类型养殖场布局　若在一些自然条件比较特殊的地方建设笋壳鱼养殖场，就要因地制宜，根据不同的自然条件进行合理布局。

（1）丘陵山区养殖场布局。

① 利用地形布局鱼池。将鱼池依次从高处往低处排列，通过进水沟渠使每个鱼池都能自流进水，也能通过排水沟渠自行排水。在水量充足的情况下，可将同类鱼池串联，或建造专门流水池开展流水养鱼。

② 在高处设置较大蓄水池。将溪流、泉流作为水源时，水量一般不足。当鱼池不需用水时，将水囤蓄起来备用。这种蓄水池还能起到晒水提高水温的作用。

（2）平原湖区养殖场布局。在湖泊周围建设养殖场，地势平坦，土地富余，水源充足，水质优良，便于施工和建成高标准的养鱼池。但往往地势低洼，排水不便，因此应设置进、排水沟。进、排水需要分开，每条堤路供2排鱼池进、出运输，沟、路相间，使每个鱼池既通水，又通路。这类养殖场还应在向湖一面或在场的周围设置拦洪堤坝，以保证渔业生产安全。

（3）河川养殖场布局。在邻近河川的滩地上建造的养殖场，以河水作为水源。如果在河川下游建造养殖场，进水系统与河道相通，引水灌池，排水系统可顺流而下，并在进、排水口建闸控制。同时，在总体布局上应尽可能发挥水上运输功能。但是在河川中上游建场，由于水位落差大，需要筑堤防洪、拦水灌池。如果是围滩建池，鱼池应适当深挖，以便在枯水季节利用地下水调节能保持相应水位。如果地下水位很低，不便保水，可筑坝拦水，开展流水养鱼。

二、基本模式

根据水产养殖场的规划目的、要求、规模、生产特点、投资大小、管理水平以及地区经济发展水平等，养殖场的建设可分为经济型池塘养殖模式、标准化池塘养殖模式、生态节水型池塘养殖模式、循环水池塘养殖模式等4种类型。具体应用时，可以根据养殖场具体情况，因地制宜，在满足养殖规范规程和相关标准的基础上，对相关模式进行适当调整。

（一）经济型池塘养殖模式

经济型池塘养殖模式是指具备符合健康养殖要求设施设备条件的池塘养殖模式，具有经济、灵活的特点。经济型池塘养殖模式是目前池塘养殖生产所必须达到的基本模式要求，须具备以下要求：养殖场有独立的进、排水系统，池塘符合生产要求，水源水质符合《无公害食品 淡水养殖用水要求》（NY 5051），养殖场有保障正常生产运行的水电、通信、道路、办公值班等基础条件，养殖场配备生产所需要的增氧、投饲、运输等设备，养殖生产管理符合无公害水产品生产要求等。经济型池塘养殖模式适合于规模较小的水产养殖场。

（二）标准化池塘养殖模式

标准化池塘养殖模式是根据国家或地方制定的池塘标准化建设规范进行改造建设的池塘养殖模式，其特点为系统完备、设施设备配套齐全、管理规范。标准化池塘养殖场应包括标准化的池塘、道路、供水、供电、办公等基础设施，还有配套完备的生产设备，养殖用水要达到《渔业水质标准》（GB 11607），养殖排放水达到《淡水池塘养殖水排放要求》（SC/T 9101）。标准化池塘养殖模式应有规范化的管理方式，有苗种、饲料、肥料、渔药、化学品等养殖投入品管理制度，养殖技术、计划、人员、设备设施、质量销售等生产管理制度。

标准化池塘养殖模式是目前集约化池塘养殖推行的模式，适合大型水产养殖场的改造建设。

（三）生态节水型池塘养殖模式

生态节水型池塘养殖模式是在标准化池塘养殖模式基础上，利用养殖场及周边的沟渠、荡田、稻田、藕池等对养殖排放水进行处理排放或回用的池塘养殖模式，具有节水再用、达标排放、设施标准、管理规范的特点。养殖场一般有比较大的排水渠道，可以通过改造建设生态渠道对养殖排放水进行处理；闲置的荡田可以改造成生态塘，用于养殖水源和排放水的净化处理；对于养殖场周边排灌方便的稻田、藕田，可以通过进排水系统改造，作为养殖排放水的处理区，甚至可以以此构建有机农作物的耕作区。生态节水型池塘养殖模式的生态化处理区要有一定的面积，一般根据养殖特点和养殖场的条件，设计建造生态化水处理设施。

（四）循环水池塘养殖模式

循环水池塘养殖模式是一种比较先进的池塘养殖模式，它具有标准化的设施设备条件，并通过人工湿地、高效生物净化塘、水处理设施设备等对养殖排放水进行处理后循环使用。循环水池塘养殖系统一般由池塘、渠道、水处理系统、动力设备等组成。循环水池塘养殖模式的鱼池进排水有多种形式，比较常见的为串联形式，也有采用进排水并联结构的。池塘串联进排水的优点是水流量大，有利于水层交换，可以形成梯级养殖，充分利用食物资源；缺点是池塘间水质差异大，容易引起病害交叉感染。池塘串联进排水结构的过水管道在多个池塘间呈"之"字形排列，相邻池塘过水管的进水端位于水体上层，出水端位于池塘底部，有利于池塘间上下水层交换。

循环水池塘养殖模式的水处理设施一般为人工湿地或生物净化塘。人工湿地有潜流湿地和表面流湿地等形式，潜流湿地以基料（砾石或卵石）与植物构成，水从基料缝隙及植物根系中流过，具有较好的水处理效果，但建设成本较高，主要取决于当地获得砾石的成本。在平原地区，潜流湿地的造价偏高，但在山区，砾石（或卵石）的成本就低很多。表面流湿地如同水稻田，让水流从挺水性植物丛中流过，以达到净化的目的，其建设成本低，但占地面积较大。目前一般采取潜流湿地和表面流湿地相结合的方法。植物选择也很重要，并需要专门的管理与维护。在处理养殖排放水方面，循环水池塘养殖模式的人工湿地或生物氧化塘一般通过生态渠道与池塘相连。生态渠道有多种构建形式，其水体净化效果也不相同，目前一般是利用回水渠道通过布置水生植物、放置滤食或杂食性动物构建而成；也有通过安装生物刷、人工水草等生物净化装置以及安装物理过滤设备等进行构建的。人工湿地在循环系统内所占的比例取决于养殖方式、养殖排放水量、湿地结构等因素，湿地面积一般为养殖水面的

10％～20％。池塘循环水养殖模式具有设施化的系统配置设计，并有相应的管理规程，是一种节水、安全、高效的养殖模式。具有循环用水，配套优化，管理规范，环境优美的特点。

三、场地及环境条件要求

（一）规划要求

新建、改建池塘养殖场必须符合当地的规划发展要求，养殖场的规模和形式要符合当地社会、经济、环境等发展的需要。

（二）自然条件

新建、改建池塘养殖场要充分考虑当地的水文、水质、气候等因素，结合当地的自然条件决定养殖场的建设规模、建设标准，并选择适宜的养殖品种和养殖方式。在规划设计养殖场时，要充分勘查了解规划建设区的地形、水利等条件，有条件的地区可以充分考虑利用地势自流进排水，以节约动力提水所增加的电力成本。规划建设养殖场时还应考虑洪涝、台风等灾害因素的影响，在设计养殖场进排水渠道、池塘塘埂、房屋等建筑物时应注意考虑排涝、防风等问题。

（三）水源、水质条件

新建池塘养殖场要充分考虑养殖用水的水源、水质条件。水源分为地面水源和地下水源，无论是采用哪种水源，一般应选择在水量充足、水质良好的地区建场。水产养殖场的规模和养殖品种要结合水源情况决定。采用河水或水库水作为养殖水源，要考虑设置防止野生鱼类进入的设施，以及周边水环境污染可能带来的影响。使用地下水作为水源时，要考虑供水量是否满足养殖需求，一般要求 10 d 左右能够把池塘注满。选择养殖水源时，还应考虑工程施工等方面的问题，利用河流作为水源时需要考虑是否筑坝拦水，利用山溪水流时要考虑是否建造沉砂排淤等设施。水产养殖场的取水口应建到上游部位，排水口建在下游部位，防止养殖场排放水流入进水口。水质对于养殖生产影响很大，养殖用水的水质必须符合《渔业水质标准》（GB 11607）规定。对于部分指标或阶段性指标不符合规定的养殖水源，应考虑建设源水处理设施，并计算相应设施设备的建设和运行成本。

（四）土壤、土质

在规划建设养殖场时，要充分调查了解当地的土壤、土质状况，不同的土壤和土质对养殖场的建设成本及养殖效果影响很大。池塘土壤要求保水力强，最好选择黏质土或壤土、沙壤土的场地建设池塘。这些土壤建塘不易透水渗漏，筑基后也不易坍塌。沙质土或含腐殖质较多的土壤，保水力差，做池埂时容易渗漏、崩塌，不宜建塘。含铁质过多的赤褐色土壤，浸水后会不断释放出赤色浸出物，对鱼类生长不利，也不适宜建设池塘。pH 低于 5 或高于 9.5 的土壤地区不适宜挖塘。

（五）电力、交通、通信

水产养殖场需要有良好的道路、交通、电力、通信、供水等基础条件。新建、改建养殖场最好选择在"三通一平"的地方建场。如果不具备以上基础条件，应考虑这些基础条件的建设成本，避免因基础条件不足影响养殖场的生产发展。

四、养殖设施

（一）池塘

池塘是养殖场的主体部分。按照养殖功能分，有亲鱼池、鱼苗池、鱼种池和成鱼池等。池塘面积一般占养殖场面积的 65%～75%。各类池塘所占的比例一般按照养殖模式、养殖特点、品种等来确定。

1. 形状、朝向　池塘形状主要取决于地形、品种等。一般为长方形，也有圆形、正方形、多角形的池塘。长方形池塘的长宽比一般为 (2～4)∶1。长宽比大的池塘水流状态较好，管理操作方便；长宽比小的池塘，池内水流状态较差，存在较大死角和死区，不利于养殖生产。池塘的朝向应结合场地的地形、水文、风向等因素，尽量使池面充分接受阳光照射，满足水中天然饵料的生长需要。池塘朝向也要考虑是否有利于风力搅动水面，增加溶解氧。在山区建造养殖场，应根据地形选择背山向阳的位置。

2. 面积、深度　池塘的面积取决于养殖模式、品种、池塘类型、结构等。面积较大的池塘建设成本低，但不利于生产操作，进排水也不方便。面积较小的池塘建设成本高，便于操作，但水面小，风力增氧、水层交换差。大宗鱼类养殖池塘养殖功能不同，其面积也不同。在南方地区，成鱼池面积一般为 0.3～1 hm²，鱼种池面积一般为 0.13～0.33 hm²，鱼苗池面积一般为 0.06～0.13 hm²；在北方地区养鱼池的面积有所增加。另外，养殖品种不同，池塘的面积也不同。淡水虾蟹养殖池塘的面积一般介于 0.67～2 hm²。太小的池塘不符合虾、蟹的生活习性，也不利于水质管理。特色品种的池塘面积一般应根据品种的生活特性和生产操作需要确定。池塘水深是指池底至水面的垂直距离，池深是指池底至池堤顶的垂直距离。养鱼池塘有效水深不低于 1.5 m，一般成鱼池的深度在 2.5～3.0 m，鱼种池在 2.0～2.5 m。

（二）池埂

池埂是池塘的轮廓基础，池埂结构对于维持池塘的形状、方便生产，以及提高养殖效果等有很大影响。池埂一般用匀质土筑成，埂顶的宽度应满足拉网、交通等需要，一般介于 1.5～4.5 m。池埂的坡度大小取决于池塘土质、池深、护坡与否和养殖方式等。一般池塘的坡比为 1∶(1.5～3)，若池塘的土质是重壤土或黏土，可根据土质状况及护坡工艺适当调整坡比，池塘较浅时坡比可为 1∶(1～1.5)。

(三) 护坡

护坡具有保护池形结构和池埂的作用，但也会影响池塘的自净能力。一般根据池塘条件不同，池塘进排水等易受水流冲击的部位应采取护坡措施。常用的护坡材料有水泥预制板、混凝土、地膜、砖石等。采用水泥预制板、混凝土护坡的厚度应不小于 5 cm，地膜或砖石砌坝应铺设到池底。

1. 水泥预制板护坡 水泥预制板护坡是一种常见的池塘护坡方式。护坡水泥预制板的厚度一般为 5～15 cm，长度根据护坡断面的长度决定。较薄的预制板一般为实心结构，5 cm 以上的预制板一般采用楼板方式制作。水泥预制板护坡，需要在池底与边坡交界处往下深挖 30 cm 左右建一条混凝土圈梁，以固定水泥预制板，顶部要用混凝土砌一条宽 40 cm 左右的护坡压顶。水泥预制板护坡的优点是施工简单，整齐美观，经久耐用；缺点是破坏了池塘的自净能力。一些地方采取水泥预制板植入式护坡，即水泥预制板护坡建好后把池塘底部的土翻盖在水泥预制板下部，这种护坡方式既有利于池塘固形，又有利于维持池塘的自净能力。

2. 混凝土护坡 混凝土护坡是用混凝土现浇护坡的方式，具有施工质量高、防裂性能好的特点。采用混凝土护坡时，需要对塘埂坡面基础进行整平、夯实处理。混凝土现浇护坡一般用素混凝土，也有用钢筋混凝土的。混凝土护坡的坡面厚度一般为 5～8 cm。无论用哪种混凝土方式护坡都需要在一定距离设置伸缩缝。

3. 地膜护坡 一般采用高密度聚乙烯（HDPE）塑胶地膜或复合土工膜护坡。HDPE 膜具抗拉伸、抗冲击、抗撕裂、强度高和耐静水压高的特点，在耐酸碱腐蚀、抗微生物侵蚀及防渗滤方面也有较好的性能，且表面光滑，有利于消毒、清淤、防止底部病原体传播的作用。HDPE 膜护坡既可覆盖整个池底，又可以周边护坡。复合土工膜进行护坡具有施工简单、质量可靠、节省投资的优点。复合土工膜属非孔隙介质，具有良好的防渗性能和抗拉、抗撕裂、抗顶破、抗穿刺等力学性能，还具有一定的变形量，对坡面的凹凸具有一定的适应能力，应变力较强，与土体接触面上的孔隙压力及浮托力易于消散，能满足护坡结构的力学设计要求。复合土工膜还具有很好的耐化学性和抗老化性能，可满足护坡耐久性要求。

4. 砖石护坡 浆砌片石护坡具有护坡坚固、耐用的优点，但施工复杂，砌筑用的片石石质要求坚硬，片石用作镶面石和角隅石时还需要加工处理。浆砌片石护坡一般用坐浆法砌筑，要求放线准确，砌筑曲面做到曲面圆滑，不能砌成折线面相连。片石间要用水泥勾缝成凹缝状，勾出的缝面要平整光滑、密实，施工中要保证缝条的宽度一致，严格控制勾缝时间，不得在低温下进行，勾缝后加强养护，防止局部脱落。

(四) 池底

池塘底部要平坦，为了方便池塘排水、水体交换和捕鱼，池底应有相应的坡度，并开挖相应的排水沟和集水池。池塘底部的坡度一般为 1:(200～500)。在池塘宽度方向，应使两侧向池中心倾斜。面积较大且长宽比较小的池塘，底部应建由主沟和支沟组成的排水沟。主沟最小纵向坡度为 1:1 000，支沟最小纵向坡度为 1:200。相邻的支沟一般相距 10～50 m，主沟宽一般为 0.5～1.0 m，深 0.3～0.8 m。

面积较大的池塘可按照回形鱼池建设，池塘底部建设有台地和沟槽。台地及沟槽应平整，台面应倾斜于沟，坡降为 1:(1 000～2 000)，沟、台面积比一般为 1:(4～5)，沟深一般为 0.2～0.5 m。在较大的长方形池塘内坡上，为了投饵和拉网方便，一般应修建一条宽约 0.5 m 的平台，平台应高出水面。

(五) 进排水设施

1. 进水闸门、管道　池塘进水一般是通过分水闸门控制水流通过输水管道进入池塘。分水闸门一般为凹槽插板的方式，很多地方采用预埋 PVC 弯头拔管方式控制池塘进水，这种方式防渗漏性能好，操作简单。

池塘进水管道一般用水泥预制管或 PVC 波纹管，较小的池塘也可以用 PVC 管或陶瓷管。池塘进水管的长度应根据护坡情况和养殖特点决定，一般介于 0.5～3.0 m。进水管太短，容易冲蚀塘埂；进水管太长，不利于生产操作和成本控制。池塘进水管的底部一般应与进水渠道底部平齐，进水渠道底部较高时，进水管可以低于进水渠道底部。进水管中心高度应高于池塘水面，以不超过池塘最高水位为好。进水管末端应安装口袋网，以防止池塘鱼类进入水管和杂物进入池塘。

2. 排水井、闸门　每个池塘一般设有一个排水井。排水井采用闸板控制水流排放，也可采用闸门或拔管方式进行控制。拔管排水方式易操作，防渗漏效果好。排水井一般为水泥砖砌结构，有拦网、闸板等凹槽。池塘排水通过排水井和排水管进入排水渠，若干排水渠汇集到排水总渠，排水总渠的末端应建排水闸。

排水井的深度一般应到池塘的底部，可排干池塘全部水为好。有的地区由于外部水位较高或建设成本等问题，排水井建在池塘的中间部位，只排放池塘50%左右的水，其余的水需要靠动力提升。排水井的深度一般不应高于池塘中间部位。

五、进排水系统

淡水池塘养殖场的进排水系统是养殖场的重要组成部分，进排水系统规划建设的好坏直接影响养殖场的生产效益。水产养殖场的进排水渠道一般是利用场地沟渠建设而成，在规划建设时应做到进排水渠道独立，严禁进排水交叉污染，防止鱼病传播。设计规划养殖场的进排水系统还应充分考虑场地的具体地形条件，尽可能采取一级动力取水或排水，合理利用地势条件设计进排水自流形式，降低养殖成本。养殖场的进排水渠道一般应与池塘交替排列，池塘的一侧进水另一侧排水，使得新水在池塘内有较长的流动混合时间。

1. 泵站、自流进水　池塘养殖场一般都建有提水泵站，泵站大小取决于装配泵的台数。根据养殖场规模和取水条件选择水泵类型和配备台数，并装备一定比例的备用泵。常用水泵主要有轴流泵、离心泵、潜水泵等。低洼地区或山区养殖场可利用地势条件设计水自流进池塘。如果外源水位变换较大，可考虑安装备用输水动力，在外源水位较低或缺乏时，作为池塘补充提水需要。自流进水渠道一般采取明渠方式，根据水位高程变化选择进水渠道截面大小和渠道坡降。自流进水渠道的截面积一般比动力输水渠道要大一些。

2. 进水渠道　进水渠道分为进水总渠、进水干渠、进水支渠等。进水总渠设进水总闸，总渠下设若干条干渠，干渠下设支渠，支渠连接池塘。总渠应按全场所需要的水流量设计。总渠承担一个养殖场的供水，干渠分管一个养殖区的供水。

六、水处理设施

水产养殖场的水处理设施包括源水处理设施、养殖排放水处理设施、池塘水体净化设施等。养殖用水和池塘水质的好坏直接关系养殖的成败，养殖排放水必须经过净化处理达标后，才可以排放到外界环境中。

1. 源水处理设施　水产养殖场在选址时应首先选择有良好水源水质的地区，如果源水水质存在问题或阶段性不能满足养殖需要，则应考虑建设源水处理设施。源水处理设施一般有沉淀池、过滤池、杀菌消毒设施等。

（1）沉淀池。沉淀池是应用沉淀原理去除水中悬浮物的一种水处理设施。沉淀池的水停留时间应一般大于2 h。

（2）过滤池。过滤池是一种通过滤料截留水体中悬浮固体和部分细菌等的水处理设施。对于悬浮物、藻类、寄生虫等较多的养殖源水，一般可采取建造过滤池的方式进行水处理。过滤池一般有2节或4节结构。过滤池的滤层滤料一般为3～5层，最上层为细砂。

（3）杀菌消毒设施。养殖场孵化育苗或其他特殊用水需要进行源水杀菌消毒处理。目前，一般采用紫外线杀菌装置或臭氧消毒杀菌装置，或臭氧-紫外线复合杀菌消毒等处理设施。杀菌消毒设施的大小取决于水质状况和处理量。紫外线杀菌装置是利用紫外线杀灭水体中细菌的一种设备，常用的有浸没式紫外线杀菌装置、过流式紫外线杀菌装置等。浸没式紫外线杀菌装置结构简单，使用较多，其紫外线杀菌灯直接放在水中，既可用于动态水，也可用于静态水。臭氧是一种极强的杀菌剂，具有强氧化能力，能够迅速广泛地杀灭水体中的多种微生物和致病菌。臭氧杀菌消毒设施一般由臭氧发生机、臭氧释放装置等组成。淡水养殖中臭氧杀菌的剂量一般为每立方米水体 $1 \sim 2$ g，臭氧浓度为 $0.1 \sim 0.3$ mg/L，处理时间一般为 $5 \sim 10$ min。在臭氧杀菌设施之后，应设置曝气调节池，去除水中残余的臭氧，以确保进入鱼池水中的臭氧低于 0.003 mg/L 的安全浓度。

2. 排放水处理设施 养殖过程中产生的富营养物质主要通过排放水进入外界环境中，已成为主要的面源污染之一。对养殖排放水进行处理回用或达标排放是池塘养殖生产必须解决的问题。目前，养殖排放水的处理一般采用生态化处理方式，也有采用生化、物理、化学等方式进行综合处理的案例。养殖排放水生态化处理，主要是利用生态净化设施处理排放水体中的富营养物质，并将水体中的富营养物质转化为可利用的产品，实现循环经济和水体净化。养殖排放水生态化水处理技术有良好的应用前景，但许多技术环节尚待研究解决。

（1）生态沟渠。生态沟渠是利用养殖场的进排水渠道构建的一种生态净化系统，由多种动植物组成，具有净化水体和生产功能。生态沟渠的生物布置方式一般是在渠道底部种植沉水植物、放置贝类等，在渠道周边种植挺水植物，在开阔水面放置生物浮床、种植浮水植物，在水体中放养滤食性、杂食性水生动物，在渠壁和浅水区增殖着生藻类等。有的生态沟渠是利用生化措施进行水体净化处理。这种沟渠主要是在沟渠内布置生物填料，如立体生物填料、人工水草、生物刷等，利用这些生物载体附着细菌，对养殖水体进行净化处理。

（2）人工湿地。人工湿地是模拟自然湿地的人工生态系统，它类似自然沼泽地，但由人工建造和控制，是一种人为地将石、砂、土壤、煤渣等一种或几种介质按一定比例构成基质，并选择性地植入植物的水处理生态系统。人工湿地的主要组成部分为人工基质、水生植物、微生物。人工湿地对水体的净化效果是基质、水生植物和微生物共同作用的结果。人工湿地按水体在其中的流动方式，可分为 2 种类型，即表面流人工湿地和潜流型人工湿地。

人工湿地水体净化包括物理、化学、生物等净化过程。当富营养化水流过人工湿地时，砂石、土壤具有物理过滤功能，可以对水体中的悬浮物进行截流过滤；砂石、土壤又是细菌的载体，可以对水体中的营养盐进行消化吸收分解；湿地植物可以吸收水体中的营养盐，其根际微生态环境可以使水质得到净化。利用人工湿地构筑循环水池塘养殖系统，可以实现节水、循环、高效的养殖目的。

（3）生态净化塘。生态净化塘是一种利用多种生物进行水体净化处理的池塘。塘内一般种植水生植物，以吸收净化水体中的氮、磷等营养盐；放置滤食性鱼、贝等吸收水体中的碎屑、有机物等。生态净化塘的构建要结合养殖场的布局和排放水情况，尽量利用废塘和闲散地建设。生态净化塘的动植物配置要有一定的比例，要符合生态结构原理要求。生态净化塘的建设、管理、维护等成本比人工湿地要低。

3. 池塘水体净化设施　池塘水体净化设施是利用池塘的自然条件和辅助设施构建的原位水体净化设施。主要有生物浮床、生态坡、水层交换设备等。

（1）生物浮床。生物浮床净化是利用水生植物或改良的陆生植物，以浮床作为载体，种植在池塘水面，通过植物根系的吸收、吸附作用和物种竞争相克机理，消减水体中的氮、磷等有机物质，并为多种生物生息繁衍提供条件，重建并恢复水生态系统，从而改善水环境。生物浮床有多种形式，构架材料也有很多种。在池塘养殖方面应用生物浮床，须注意浮床植物的选择、浮床的形式、维护措施、配比等问题。

（2）生态坡。生态坡是利用池塘边坡和堤埂修建的水体净化设施。一般是将砂石、绿化砖、植被网等固着物铺设在池塘边坡上，并在其上栽种植物，利用水泵和布水管线将池塘底部的水提升并均匀地布撒到生态坡上，通过生态坡的渗滤作用和植物吸收截流作用去除养殖水体中的氮磷等营养物质，达到净化水体的目的。

（3）水层交换设备。在池塘养殖中，由于水的透明度有限，一般 1 m 以下的水层中光线较暗，温度降低，光合作用很弱，溶解氧较少，底层存在着氧债，若不及时处理，会给夜间池塘养殖鱼类造成危害。水层交换主要是利用机械搅拌、水流交换等方式，打破池塘光合作用形成的水分层现象，充分利用白天池塘上层水体光合作用产生的氧，来弥补底层水的耗氧需求，实现池塘水体的溶解氧平衡。水层交换机械主要有增氧机、水力搅拌机、射流泵等。

七、生产设备

水产养殖生产需要一定的机械设备。机械化程度越高，对养殖生产的作用越大。目前主要的养殖生产设备有增氧设备、排灌设备、底质改良设备、水质检测设备、起捕设备等。

1. 增氧设备　增氧设备是水产养殖场的必备设备，尤其在高密度养殖情况下，增氧机对于提高养殖产量、增加养殖效益发挥着更大的作用。常用的增氧设备包括叶轮式增氧机、水车式增氧机、射流式增氧机、吸入式增氧机、涡流式增氧机、增氧泵、微孔曝气装置等。随着养殖需求和增氧机技术的不断提高，许多新型的增氧机不断出现，如涌喷式增氧机、喷雾式增氧机等。

（1）叶轮式增氧机。叶轮式增氧机是通过电动机带动叶轮转动搅动水体，将空气和上层水面的氧气溶于水体中的一种增氧设备。叶轮式增氧机具有增氧、搅水、曝气等综合作用，是采用最多的增氧设备。叶轮式增氧机的推流方向是以增氧机为中心做圆周扩展运动，比较适宜于短宽的鱼塘。叶轮式增氧机的增氧动力效率可达 2 kg/(kW·h) 以上，一般养鱼池塘可按每 667 m² 0.5～1.0 kW 的功率配备增氧机。

（2）水车式增氧机。水车式增氧机是利用两侧的叶片搅动水体表层的水，使之与空气增加接触而增加水体溶解氧的一种增氧设备。水车式增氧机的叶轮运动轨迹垂直于水平面，推流方向沿长度和宽度做直流运动及扩散，比较适于狭长鱼塘使用和需要形成池塘水流时使用。水车式增氧机的最大特点是可以造成养殖池中的定向水流，便于满足特殊鱼类养殖需要和清理沉积物。其增氧动力效率可达 1.5 kg/(kW·h) 以上，每 667 m² 可按 0.7 kW 的功率配备增氧机。

（3）射流式增氧机。射流式增氧机也称射流自吸式增氧机，是一种利用射流增加水体交换和溶解氧的增氧设备。与其他增氧机相比，其具有其结构简单、能形成水流和搅拌水体的特点。射流式增氧机的增氧动力效率可达 1 kg/(kW·h) 以上，并能使水体平缓地增氧，不损伤鱼体，适合鱼苗池增氧使用。缺点是设备价格相对较高，使用成本也较高。

（4）吸入式增氧机。吸入式增氧机的工作原理是通过负压吸收空气，并把空气送入水中与水形成涡流混合，再把水向前推进进行增氧。吸入式增氧机有较强的混合力，尤其对下层水的增氧能力比叶轮式增氧机强，比较适合于水体较深的池塘使用。

（5）涡流式增氧机。涡流式增氧机由电机、空气压送器、空心管、排气桨叶和漂浮装置组成。电机轴为一空心管轴，直接与空气压送器和排气桨叶相通，可将空气送入中下层水中形成气水混合体，高速旋转形成涡流使上下层水交换。涡流式增氧机没有减速结构、自重小、没有噪声、结构合理、增氧效率高，主要用于北方冰下水体增氧。

（6）增氧泵。增氧泵是利用交流电产生变换的磁极，推动带有固定磁极的杆振动。固定磁极杆的末端带有橡胶碗，杆在振动的同时会将空气压缩并泵出。压缩空气通过导管末端的气泡石被分成无数的小气泡，这样就增大了与水的接触面积，增加氧气的溶解速度。增氧泵具有轻便、易操作及单一的增氧功能，一般适合水深在 0.7 m 以下，面积在 400 m² 以下的鱼苗培育池或温室养殖池中使用。

(7) 微孔曝气装置。微孔曝气装置是一种利用压缩机和高分子微孔曝气管相配合的曝气增氧装置。曝气管一般布设于池塘底部，压缩空气通过微孔逸出形成细密的气泡，增加了水体的气水交换界面，随着气泡的上升，可将水体下层水体中的粪便、碎屑、残饲，以及硫化氢、氨等有毒气体带出水面。微孔曝气装置具有改善水体环境、溶解氧均匀、水体扰动较小的特点。其增氧动力效率可达 $1.8\,kg/(kW \cdot h)$ 以上。微孔曝气装置特别适用于虾、蟹等甲壳类品种的养殖。

2. 排灌设备 主要有水泵、水车等设备。水泵是养殖场主要的排灌设备。水产养殖场使用的水泵种类主要有轴流泵、离心泵、潜水泵等。水泵在水产养殖上不仅用于池塘的进排水、防洪排涝、水力输送等，在调节水位、水温、水体交换和增氧方面也有很大作用。养殖用水泵的型号、规格很多，使用时必须根据使用条件进行选择。轴流泵流量大，适合在扬程较低、输水量较大的情况下使用。离心泵扬程较高，比较适合在输水距离较远的情况下使用。潜水泵安装使用方便，在输水量不是很大的情况下使用。选择水泵时一般应了解以下参数。

(1) 流量（Q）的确定。流量是选择水泵时首先要考虑的问题，水泵的流量根据养殖场（池塘）的需水量来确定。

(2) 扬程（H）的确定。水泵的扬程要与净（实际）扬程（$h_{净}$）加上损失扬程（$h_{损}$）基本相等。净扬程是指进水池（渠道、湖泊、河流等）水面到出水管中心的最高处之间的高差，常用水准测量方法测定。损失扬程很难测定，一般用 $h_{损}=h_{净} \times 0.25$ 来估算损失扬程。在扬程低、水泵口径较小、管路较长时，可以大于 0.25；反之，小于 0.25。在初选泵型时，水泵扬程可估算为：$H=h_{净}+h_{损}=h_{净}+0.25h_{净}=1.25h_{净}$。

3. 底质改良设备 底质改良设备是一类用于池塘底部沉积物处理的机械设备，分为排水作业和不排水作业两大类型。排水作业机械主要有立式泥浆泵、水力挖塘机组等；不排水作业机械主要有水下清淤机等。池塘底质是池塘生态系统中的物质仓库，池塘底质的理化反应直接影响养殖池塘的水质和养殖鱼类的生长，一般应根据池塘沉积情况采用适当的设备进行底质处理。下面主要介绍排水作业机械。

(1) 立式泥浆泵。立式泥浆泵是一种利用单吸离心泵直接抽吸池底淤泥的清淤设备，主要用于疏浚池塘或挖方输土，还可用于浆状饲料、粪肥的汲送，具有搬运、安装方便、防堵塞效果好的特点。

(2) 水利挖塘机组。水利挖塘机组是模拟自然界水流冲刷原理，借水力连续完成挖土、输土等工序的清淤设备。一般由泥浆泵、高压水、配电系统等组成。水利挖塘机组具有构造简单、性能可靠、效率高、成本低、适应性强的特点。在池塘底泥清除、鱼池改造方面使用较多。

4. 水质检测设备　主要用于池塘水质的日常检测，水产养殖场一般应配备必要的水质检测设备。水质检测设备有便携式水质检测设备、在线监控系统等。

（1）便携式水质检测设备。具有轻巧方便、便于携带的特点。适合于野外使用，可以连续分析测定池塘的一些水质理化指标，如溶解氧、酸碱度、氧化还原电位、温度等。水产养殖场一般应配置便携式水质监测仪器，以便及时掌握池塘水质变化情况，为养殖生产决策提供依据。

（2）在线监控系统。在线监控系统，包括水质检测控制系统和反馈控制系统，通过水质检测数据反馈控制增氧机和投饲料，实现自动在线监控。池塘水质检测控制系统一般由电化学分析探头、数据采集模块、组态软件配合分布集中控制的输入输出模块，以及增氧机、投饲机等组成。多参数水质传感器可连续自动监测溶解氧、温度、盐度、pH、COD 等参数。检测水样一般用取样泵，通过管道传递给传感器检测。数据传输方式有无线或有线 2 种形式。水质数据通过集中控制的工控机进行信息分析和储存，采用液晶大屏幕显示检测点的水质实时数据情况。反馈控制系统主要是通过编制程序把管理人员所需要的数据输入控制系统内，控制系统通过电路控制增氧或投饲。

八、起捕设备

起捕设备是用于池塘鱼类捕捞作业的设备。起捕设备具有节省劳动力、提高捕捞效率的特点。池塘起捕设备主要有网围起捕设备、移动起捕设备、诱捕设备、电捕鱼设备、超声波捕鱼设备等。目前，在池塘方面应用的主要是诱捕设备、移动起捕设备等。

第二节　养殖场地选择

笋壳鱼规模化养殖场所选择应根据养鱼对水源、水质、土质、地形、三通等各方面的要求，在建场前要进行实地勘察、测量，必要时要通过钻探摸清地质结构和地下水的分布及流向，详细了解当地情况，认真搜集必要的资料。在充分掌握必要的数据和资料的前提下，然后对勘测的各点进行比较，确定建场地址。

一、水源

养殖场选址首先要考虑水源条件能否满足养殖生产的需要。河川、溪流、湖泊、水库、涌泉、地下水，只要水质适用、水量丰足，一般均可作为养殖场的水源。勘察水源水量是否充足，应详细了解一年中各季节水量的变化和附近农田灌溉用水情况，必须保证养殖场在不同季节、不同生产阶段都有足够的水供应，同时又不影响农田灌溉。因此，要充分搜集当地的水文、气象、地形、土质等有关资料，结合各季节养鱼生产注排水措施，进行核计。

1. 河流和湖泊水 要考虑河流和湖泊的周年及多年水位变化规律，以设计防涝、防旱设施，保护养殖场不受水淹，保证养殖用水供应。

2. 水库水 水库常年蓄水，水资源丰富，本身就是一个良好的养鱼水域，也可作为坝下及其附近建设养殖场的水源。水库发电的尾水和冷却水，也可作为养殖场的水源。

3. 泉水和溪流 广大山区有许多山泉水、溪流，可根据其流量和汇集量的大小，建立相应规模的养殖场。特别是地下流出的泉水，水的流量和温度一般比较稳定，是山区养鱼的良好水源。

4. 地下水 利用地下水养鱼，由于地下水常含较多的二氧化碳，而氧气缺乏，要经过曝气处理后才用于养鱼。还要注意有些流经煤矿和硫矿的地下水，常常酸性过强而不能用于养鱼。

二、水质

未经污染的天然水，一般都可用于养鱼。被工业"三废"污染的水，往往含有害物质，或某种元素含量过高。这些水对鱼类生长不利，轻则鱼发育不良，重则引起鱼类死亡。水质的好坏，与养鱼生产关系极大，并直接危及食鱼者的身体健康。因此，建场前一定要对水源进行水质分析。

1. 水质分析方法 在野外鉴定水质是否适用于养鱼，最简单易行的方法就是观察水源中有无自然生长的鱼类及其活动情况，结合在容器内做短期饲养鱼类的试验。必要时还要按养鱼要求进行水质分析，然后根据我国《渔业水质标准》（GB11607—1989）（参见附录2），确定水质是否适用。只有在水质无毒适用的前提下，才能进一步考虑其他问题。

2. 预防水质污染 水质污染有来自地面和地下2个方面。来自地面的多为工厂的废液，因此选择的养殖场场址时，如果附近有工厂，则要注意该厂排出废液的流向，能避则避，不能避就宁可不建。

对溶有有害物质的地下水，要查明水源，摸清流向，了解水层的厚度。在充分掌握实据的前提下，可在流入养殖场的来路上，选择适当的位置，用地下暗沟截流，通过暗沟，把此地下水引出养殖场外。如工程量大，得不偿失，或地形复杂，施工不便，则该地就不能建养殖场。

三、土质

土壤的种类和性质与养殖场的工程质量及施工的难易关系很大,并在一定程度上影响鱼类生活的水域环境条件。因此,在建场前必须仔细鉴定场址土质是否适宜。土质应保证鱼池底部不漏水,挖池取用的土料,应适于建造坚固的堤坝,不渗漏、不崩塌。

1. 土壤分类 根据土壤土黏粒含量,一般可将土壤分为沙砾土、壤土、沙壤土、黏土、沙土、粉土、砾质土等几类。下面简要介绍几种主要土壤用于建造鱼池的特点。

(1) 沙砾土。包括沙土、粉土和沙质土,这几类土壤透水性大,不能保水,不宜在其上挖筑养鱼池。

(2) 壤土。透水性和保水性均适度,用于筑堤,其凝聚力及抗剪强度也都适用,最适于开挖养鱼池。

(3) 沙壤土和黏土。沙壤土从其保水性来看还可以用,其缺点是用于筑堤凝聚力过小;黏土的最大优点是保水力很强,可作池底土料,但毛细管作用严重,干燥后形成龟裂,冰冻时膨胀很大,融冰后变松软,抗碱强度很小。以上2种土壤用来筑堤性能较差,但若能混合其他土壤,或适当加宽堤面和坡度,仍可用来建造养鱼池。

2. 土质选择 土质选择恰当与否,对生产影响较大,必须选用能保证工程质量的土质。除上述土壤的土黏粒对工程质量有影响外,土壤中所含化学成分对池塘水质和鱼类生活也有一定影响。最常见而又对养鱼有危害的是含铁过多的土壤。土壤中含铁过多时,释入水中形成胶体氢氧化铁或氧化铁的赤褐色沉淀,对鱼类呼吸不利,特别是对鱼卵孵化及饲养鱼苗危害更大,不宜用于开挖养鱼池。含铁多的土壤,常呈赤褐色、青色,或在黄色土块中含有青色斑点,较易识别。

3. 土质鉴定 鉴定土质时不能只看表层土,应在全区内选足够数量的有代表性的点挖方探测。探测深度要超过池底深度1 m,将各层土壤取出土样进行鉴定。在淤积土壤地区,更应重视这一工作,以免在建成池塘后,池底的保水土层厚度过小,而形成严重的渗漏。

四、地形

建设养殖场要选择适当的地形。地形适宜、平坦开阔、施工方便、排灌方便。要做到根据地形考虑合理布局,高处高用(用作蓄水池、饲料地、管养房等),低处低用(开挖鱼池);在地形布局使用面积上,应有长远规划,要留有发展扩建的余地和一定数量的饲料基地。一般精养池塘和饲料基地的面积比为

1：（0.3～0.5）；选点建设养殖场，应注意防洪，以建场后 25 年内不受洪水侵犯的原则来考虑建场地址。

滨湖、沿江地区建场，护坡应高出过去 25 年内最大洪水情况和最高水位线 0.5 m。丘陵山区建场选点时，应对场地周围的集洪面积、山洪暴发频率、25 年一遇的最大降水量和暴雨力等有关资料进行详细调查，以供设计时参考，设计相应的排洪设施。在水库库区选点时，场址应在安全水位线以上。在多风灾区选点建场时，应考虑在地形上能防风，避免风灾。

五、三通

三通（交通、通信、通电）是一个现代化养殖场必不可少的条件。鱼产品的运出、生产资料的运进，以及人员来往和信息交流，都与交通、通信密切相关。

1. 交通要求　建场地点不宜选在距离产品销售地区过远或交通阻塞的地方，建场的同时要修建公路，并与国家公路网连接起来，便于运输。位于河流或湖泊附近的养殖场，还要充分利用水路运输，以扩大运输线路，降低运输成本。

2. 通信要求　建设养殖场的目的是生产鱼产品供应市场，而在商品经济时期，鲜鱼价格受市场调节，变幅较大，需要有现代化通信工具及时掌握市场信息，所以一般养殖场应配备电话，最好还有宽带上网。

3. 电力要求　现代化养殖场对电力供应要求越来越高，从过去的照明、抽水泵发展到使用增氧机、投饵机、捕捞设备、水处理设备、饲料加工机械等。因此，要求保证电源供应，工厂化养殖及池塘内循环养殖等养殖密度比较高的养殖模式，还需要配备应急电力。

第三节　规范化场地建设

在建设笋壳鱼养殖场地时，要根据笋壳鱼的生活习性，为笋壳鱼提供一系列良好的生态环境，满足笋壳鱼正常生长、发育、繁殖各阶段的需要，同时要便于生产管理、综合利用、质量安全控制，以提高工作效率和经济效益。因此，建设规模化养殖场是一项重要的系统工程，是以工程手段，根据养殖笋壳鱼的基本原理和技术要求改造自然环境，以利于实施养殖笋壳鱼各环节的技术措施。

池塘的环境条件与鱼类的生活和生长有着密切的关系。池塘的环境因子相当复杂，包括水质、土质、光照、风向、生物等自然条件，以及工农业、交通和生活设施等人为因素。只有适宜的环境条件才有利于养殖鱼类的生长，才能获得高产高效益。所以，创造和保持池塘的良好环境条件，是实现笋壳鱼养殖高产高效和保障质量安全的关键。

一、场地建设基本要求

符合当地产业发展和土地利用等相关规划。交通、通信便捷，排灌方便，不易发生旱、涝灾害。池塘养殖土地历史上没有对养殖产品造成不良危害的沉积物和残留物。土壤质地宜为黏质土或壤土、沙壤土。湿润的土壤在手掌中能一捏成团或土壤中黏土含量至少达到20％。土壤 pH 应为 5.0～9.5。

二、池塘形状与结构

池塘的大小和深浅，与鱼产量的高低有非常密切的关系，正如渔谚所说"塘大水深好养鱼"。池塘面积大一些，鱼的活动范围就广，水面易受风力的作用增加水中溶解氧量。池塘水深一些可以相应增加放养量，有利于提高产量。同时，塘大水深，水质比较稳定，有利于鱼类生长。

池塘面积过大或水过深，也会给生产带来不利影响。面积过大，不利于管理和操作，鱼类一旦发生病害，不易处理。池水过深，底层光照条件差，溶解氧量低，有机物不易分解，影响了水中的物质循环，从而影响生产力的提高。

生产实践证明，笋壳鱼成鱼塘的面积以每口 0.5～1.5 hm² 为宜，水深最好是 2～3 m。鱼种塘的面积则可为 0.2～0.3 hm²，水深 1.5 m 左右。池塘外形以长方形为主，长宽比以（3∶2）～（2∶1）为宜。池塘面积大于 0.4 hm² 的，长轴方向以东西向为主，或与生产季节主要风向相一致。

池底应向排水口区域倾斜，比降为每 100 m 20～30 cm。淤泥厚度控制在 20 cm 以内。养成和亲鱼培育池塘平均深度以不少于 2 m 为宜；鱼苗、鱼种培育池塘平均深度以不少于 1.5 m 为宜。最高蓄水位到塘埂顶面的高程差 30～50 cm。

三、土质和底质

笋壳鱼养殖鱼塘多是土塘，不同的土质对水质有极大影响。

1. 土质　池塘的土质，以黑色壤土最好，黏土次之，沙土最差。

壤土的黏度和通气性适中，保水保肥力强，有机物容易分解，有利于浮游生物繁殖生长。

黏土鱼塘虽能保水，但容易板结，通气性差，容易造成水中溶解氧不足。沙土鱼塘渗水性大，不能保水保肥，水质较瘦，而且塘基容易崩塌，变为"浅、漏、瘦"鱼塘。黏土、沙土鱼塘要经过一定改造，才能获得高产。

2. 底质　池塘经过一段时间养鱼，由于死亡的生物体、鱼类的排泄物、残剩饵料及禽畜粪便等有机肥料的不断排放积累，加上雨水季节冲刷泥沙沉积，使池塘逐渐形成一定厚度的淤泥。鱼池中保留合理的一定厚度的淤泥是必要的，它能起到供肥、保肥和调节、缓冲池塘水质肥度的作用。但淤泥过多，会消耗水中溶解氧，还会产生硫化氢、氨等有害物质，造成水中缺氧，水质恶化，影响鱼类的生长，甚至引起鱼类死亡。因此，必须及时清除过多的淤泥，改善底质条件，才能保持水质良好。

四、水源和水质

充足的水源和良好的水质条件是池塘养鱼高产的主要因素。

1. 水源要求 充足的水源，水质符合 GB 11607 的规定，可使池塘用水方便，当天旱水浅、水中缺氧或水质受污染，影响鱼类生活时，应及时加水或换水，以调节和控制水质。

2. 水质要求 水质良好，要求溶解氧充足（2.2 mg/L 以上），酸碱度适中（pH 6.5～8.5），水温较高（最好 20～30 ℃），营养盐丰富，水质较肥（水色为绿豆青色、黄绿色、黄褐色或淡酱油色，透明度 25～35 cm），不含有毒物质。这才有利于鱼类生长和天然饲料的繁殖，提高鱼产量。如以无公害基地建设或现代渔业园区建设为目标，水质还要符合 NY 5051 的规定。

五、池塘布局与设施配套

连片鱼塘必须合理布局和重视建设各种养鱼配套设施的形状及方向。池塘形状以长方形为好，长宽之比为（2～3）：1，宽边长度为 50 m 左右。池塘方向以东西向为宜。池塘周围不宜有高大的树林和建筑物，以免遮光、挡风和妨碍拉网操作。

1. 池塘布局 塘埂不应太窄，主埂顶面宽度不少于 4 m，支埂顶面宽度一般不少于 2 m，并按六水四基的比例规划。每口鱼塘都能独立排灌，避免串排串灌。塘底应由灌水的一边向排水的一边倾斜，以利排干塘水。

2. 配套设施 配套建设相当规模的鱼种塘（至少应按 10：1 的比例配备鱼种培育塘）、饲料加工厂、活水船、运输车、仓库、管养房，还有小木艇、网具、鱼桶等。高产鱼塘要求使用增氧机，还要考虑电源问题，把通电线路拉到各塘边，以便使用渔业机械。

六、进排水要求

（1）每口池塘一般要有独立的进、排水口，分别设在池塘两边塘埂的中心，与进、排水渠相连。各池塘之间不相互引水、排水。

（2）进、排水口宜采用砖砌或混凝土预制结构，并设置防逃设施。进水渠设计时，进水渠最高水位高程高于池塘最高蓄水高程 5～10 cm。排水渠设计时，应考虑渠底高程低于养殖塘排水口 50～80 cm。进水一般是通过分水闸门控制水流，并通过输水管道进入池塘，分水闸门一般为凹槽插板的方式，也可采用预埋 PVC 弯头拔管方式控制池塘进水。

（3）进水管道用水泥预制管或 PVC 管等，管径不小于 20 cm。池塘进水管的底部应与进水渠道底部平齐。

（4）可利用重力有效排水的池塘，排水口一般设有排水井，通过排水管与排水渠相连接。排水井采用闸板控制水流排放，也可采用闸门或拔管方式进行控制。排水井一般为水泥砖砌结构，有可以安装拦网、闸板的凹槽。

第四节　基建施工要求

养殖场建筑物包括管养房和土工。土工又分池塘、注排水系统和道路等。开挖养殖场，一般采用机械化施工。

一、放样筑堤

1. 放样　在开工前，应按照设计在工地上进行准确的放样，放完后还需复查。有时因不注意，使建好的池塘宽窄不一，不方不正，这不仅造成土方浪费，而且还给生产操作增加麻烦，所以要认真做好放样施工工作。放样分平面放样和断面放样。

（1）平面放样。平面放样俗称放线。重点是池塘的放样，必须按照设计的量度、形状、方位如实地用灰线复制在工地上。放出池塘轮廓后，沿着堤坝放出进排水系统和养殖场场内道路。

（2）断面放样。一般是先钉中心桩及两面的堤脚桩，再立竹竿，牵以绳索，作成与堤坝断面形状相同的样架。放样要在地形平坦处，堤坝较小时，可简单地量出边坡水平距离，钉立脚桩，搭成样架即可。建较大的堤坝，特别当地形复杂时，则须做得更精确。其方法也有多种，如小三角尺放样法、堤样板放样法等，其中以堤样板放样法为好，既简便又准确。

池塘与渠道的挖土部分也应放样，钉立渠道中心桩，并在池塘、渠道的挖土边线以及底部边线处钉立木桩，标明挖土深度。

2. 筑堤　筑堤是养殖场建造中最主要的工程，施工时必须特别注意。

（1）清基。堤基不能建筑在原地表上，应将表土的草皮、石块、树根等挖去，露出土质致密的新土，刨松 15～20 cm，然后填土筑堤。挖草皮时要有计划地挖出一定数量的 40 cm×15 cm×15 cm 的草坯，留作护坡用。地面有淤土的地方，要清除至坚实土层，以免堤基不稳，发生沉降、塌方、游移等事故。

（2）进土压实。进土至堤段上时，要"踏坏进土"，即由接近运土的一端开始进土，此后踏此坏土继续向前运土，以踏实土层，有助于压实。进土的土块直径不能超过 10 cm，过大时要击碎。冻土不能用。采用打夯压实，或石碾压实。

（3）预留沉陷高度。堤坝修筑高度，要适当高于设计高度，即所谓分层预留沉陷高度，一般黏性土壤在 3 m 以下的底层要超高 10%；3～5 m 内的中层要超高 8%；5～8 m 内的上层要超高 5%。沙土各层均超高 3%。

堤坝上的排水闸或暗管工程要在预定安置地点与筑堤同时进行，以免筑堤后，再挖土安装，费工费时，并影响堤坝牢固。

（4）土方计算与平衡。土方计算与平衡是施工重点之一。故在设计阶段也应大体做好换算。一般采用就地取土填方，因此先大体算出填方总量，然后用挖方总面积除以总填方量，求其平均挖方的深度。这样就得出初步平衡概念，然后再详细核算。

二、挖筑排灌系统

尽可能修建各自独立的排注水系统，既不能排注兼用，又不能池塘互通。

1. 排灌渠道设计

（1）注水渠。注水渠分总渠、干渠和支渠。其流量应保证在规定时间内灌足需要供水的池塘。

① 每条渠道应达到的流量计算。

$$流量（m^3/s）=\frac{所担负的鱼池总面积（m^2）×平均水深（m）}{规定注水天数（d）×注水时数（h）×3\,600\,s}$$

② 安全流速。流量和流速有很大关系，当渠道断面一定时，流速越快流量也随之增大。但流速因受建筑材料的限制不能无限加大，因此应根据土质、砌护材料确定不冲不淤的安全流速。

③ 纵比降。一般鱼场的渠道均为小型渠，常采用的比降如下：支渠纵比降，1∶（300～750）；干渠纵比降，1∶（750～1 500）；总渠纵比降，1∶（1 500～3 000）。

在实际工程上应就地面的倾斜而稍加调整，这样挖掘简便经济。若倾斜过陡，则应选择适当地点修建跌水。

④ 渠道断面。砖石砌筑渠道多采用矩形；土渠采用梯形，边坡常用 1∶1 或 1∶15；较大的渠道或土质不好的可适当加大。

（2）排水渠。排水渠设计原理与注水渠相同。一般应深于池底 30 cm 以上。若排水渠同时用作排洪渠，其横断面大小则应与洪水流量相适应。洪水流量计算如下：

$$流量 = \frac{集洪面积 \times 25\ 年内最大暴雨力}{3\ 600\ s} \times 径流系数$$

径流系数一般用 0.7，即表明雨水汇集时沿途渗漏损失 30%。

（3）明渠与暗渠。注排水渠采用明渠、暗渠或两者结合，各地可因地制宜。

明渠建造简单，工程量小，需用物资少，检修方便，但占地面积大，并妨碍车辆通行。

暗渠一般埋置涵管，费工费料，检修不便，但占地面积小，不碍交通，能免除冰冻，渗漏较小。

2. 排灌系统施工

（1）注水渠。一般在堤面上的注水渠道要在筑堤至一定高度时，再挖填筑成，使恰好达到预定高度（包括沉陷高度在内）。如渠道较大时，可在筑至相当于渠底高度时，开始填筑渠堤。

（2）引水渠。在场外引水线上如遇有陡坡而不能将渠道全部作成挖方时，可在其下方筑一道渠堤，使其填方数量尽可能等于挖方，如斜坡坡度大于 1/10，所筑渠的堤的基础应做成阶梯形，在斜坡的高处挖一小截水沟，以免冲刷，并在渠道近高坡的一侧作成 0.5～1.0 m 宽的坡径。

平地上的引水渠道由半挖半填筑成，使挖出的土方大致超过筑堤所需的 10%～30%（沙土 10%，壤土 15%，黏土 20%，黄土 30%），以备渠堤沉陷。

（3）排水渠。场内排水渠道的挖土部分，结合筑堤挖成；场外部分，同引水渠道。

排水渠道的边坡陡时（1∶1 或更陡），应切实做好护坡工程，如无草坪可用时，可在坡面上敷贴 8～10 cm 厚的一层三合土，拍实至 5～7 cm，或铺贴 5 cm 厚的混凝土预制板。

三合土由石灰、煤屑、黄泥配成，其配合比例为 2∶1∶2（体积比）或 20∶33∶100（重量比）。

（4）注意事项。不论注水渠道还是排水渠道，在转弯处均应用砖、石、草坪或三合土等做成护坡。

挖建渠道施工过程中，应多设水平标点。切实掌握渠底比降，并按渠道设计断面做成木模，随时可以校检。中心桩处应留一小土墩，以保留木桩，待竣工用水平仪校准各段比降无误后，再除去。

三、开挖池塘

1. 池塘规格　根据渔业生产和使用目的不同，将池塘加以分类，并确定其规格。一方面，须符合鱼类不同时期的生活习性；另一方面，要便于生产操作。

（1）成鱼池。成鱼池是用来养成鱼的，要求有较开阔的水面，一般以面积 $0.5 \sim 1.5 \, hm^2$，池深 $3.0 \sim 3.5 \, m$（水深 $2.5 \sim 3.0 \, m$）为宜。

（2）苗种池。苗种池是用来培育笋壳鱼的鱼苗和鱼种的，在生产上分为鱼苗池和鱼种池。

① 鱼苗池。面积 $0.1 \sim 0.2 \, hm^2$，池深 $1.5 \sim 2.0 \, m$（水深 $1.0 \sim 1.5 \, m$）。

② 鱼种池。面积 $0.2 \sim 0.5 \, hm^2$，池深 $2.5 \sim 3.0 \, m$（水深 $2.0 \sim 2.5 \, m$）。

（3）配套池。包括蓄水池、沉淀池、过滤池和晒水池。这些池的目的都是对水质进行处理，储存备用，防止疾病传染，补充鱼池用水。因此，这几种池实际上可以合为一池，并按照上述要求，建好过滤设施。一般池深 $4 \sim 5 \, m$，面积以足供全场需用量为度。

在最低位置的池，可作为防病用的隔离池。

2. 池塘结构 各类池塘除大小深浅有别外，其结构都是由周围的堤坝和池底构成。池形以长方形为宜，长与宽之比，一般为 2：1 或 3：2，大池应适当加长。但同类池塘，宽度应该统一，以利于使用网具等。

（1）堤坝。如通行汽车之堤，面宽 $6 \sim 8 \, m$；防洪堤和防波堤，宽 $8 \sim 10 \, m$，并用草皮或片石护坡，以防冲刷；一般堤面，宽 $5 \sim 6 \, m$。无护坡的堤坝，坡比 1：2.5；有护坡的堤坝，坡比 1：2。

（2）池底。池底平坦，由注水端向排水端稍倾斜，比降一般为 $1/300 \sim 1/200$。由堤脚线向池中央也应渐深，从注水口向排水口逐渐加深，排水口处为最深点。

3. 池塘挖方工程 一般在土质、地下水位、水源水位允许时，为取得挖填土方平衡，应尽量减少挖土深度。

挖土前要在不同挖土深度处钉立木桩，注明挖土深度，开挖后，要将木桩处保留土墩，作为检查挖土深度及计算挖方的标准，至竣工验收后除去。

第五节　池塘整治改造

要使养鱼获得高产，池塘的环境条件要适合于鱼类的生长和鱼类天然饵料的繁殖。新建池塘要按照高产要求尽量做到标准化、规范化。长时间未经修整的池塘，必须实行整治改造，改善池塘的环境条件，使其达到高产的要求。

一、池塘的常规清整

清整池塘是改善养鱼环境条件的一项重要工作。池塘经过一段时间养鱼，淤泥越积越厚，存在各种病原菌和野杂鱼类，水中有机质也多，经细菌作用氧化分解，消耗大量溶解氧。淤泥过多使水质变坏，酸性增加，病菌易于大量繁殖，鱼体抵抗力减弱。此外，崩塌的塘基也需要修整。

清整池塘最好在冬季成鱼大部分起水，池塘水浅鱼少时进行。可干塘清整，也可以不干塘清整。

1. 干塘清整　干塘清整是在排干塘水后，用长柄铁锹将塘边淤泥一锹一锹地拍帖于塘边（俗称"拍坎"），修补漏洞，加固塘基，挖去过多的淤泥，平整塘底，一般保留 20 cm 左右的淤泥层较为适宜。让池底接受充分的风吹日晒和霜冻，以杀灭病原菌和害虫，使底质淤泥变得干燥疏松，促使有机物分解，提高池塘肥力。

经过整治的池塘在放种前，先灌浅水，然后每 667 m² 用茶麸约 40 kg 或生石灰 60～75 kg 全塘消毒，既能杀灭病原菌和害虫，又能稳定水的酸碱度。

2. 不干塘清整　不干塘清整主要是在平时经常捞取过多的淤泥上塘基，作为基面种植桑树、甘蔗、香蕉、蔬菜、花卉、象草等作物的肥料，这种方法称为"戽泥"，可使用机械清淤。

不排干水清整的池塘，也要在塘鱼全部收获后用茶麸或生石灰清塘消毒，然后再放养新的鱼种。使用时要尽量放浅水，用量可比干塘消毒稍多一些。

二、池塘改造

1. 浅、小池塘的改造　不规则的浅、小池塘用于放养成鱼的则并小塘为大塘，挖深至 3 m 左右，以扩大水体容量。将挖起的泥土用来加大加高塘基。

2. 漏水池塘的改造　对漏水的池塘，应加固、夯实塘基，修好涵闸，堵塞漏洞。如属于土质含沙量大而引起的轻度漏水，可以在塘底和塘基加铺一层较厚的黏土，以防渗漏。有条件的最好在池塘四周砌砖石，则一劳永逸。

3. "死水"池塘的改造　对"死水"塘要尽一切可能改善排灌条件，如开挖水渠、铺设水管等，做到能排能灌。

4. 瘦水池塘的改造　对水质较瘦的村外塘或新开池塘，要多施基肥，在塘基种青绿饲料或绿肥，争取更多的肥饲料下塘，逐渐使水质变肥。

这样，改小塘为大塘，改浅水塘为深水塘，改漏水塘为保水塘，改死水塘为活水塘，改瘦水塘为肥水塘，通过"五改"，一般的鱼塘都能达到高产的条件。

三、新开池塘的改造

对新开池塘必须根据当地的资源条件积极改造，创造较好的环境条件，以提高鱼产量和经济效益。

1. 夯实塘基，种好作物　用推土机挖塘，塘基坡度要用挖土机整平，然后用推土机压实。人工砌叠的塘基泥块间孔眼多，要夯压坚实。基面和堆造起来的坡面，要及时种上象草等作物，或人工覆盖草皮保护，避免因雨水冲刷基面，使土壤中的酸性物质渗入塘内。

2. 晒白塘底，施足基肥 鱼塘挖好后要立即平整塘底，最好耙松或犁翻 1 次，然后让塘底接受充分的风吹日晒，促进氧化、分解，疏松底土，提高地温地力。在耙松晒白的基础上，每 667 m² 用粪肥 150～250 kg、骨粉 15～25 kg，混匀沤制后全塘泼洒作基肥。经日晒 1～2 d，每 667 m² 再用生石灰 15～25 kg（酸性较大的池塘用 50～100 kg）开水泼洒，以中和酸性，改良土质。随后灌水深约 30 cm，每 667 m² 放茶麸 10～15 kg，青草等植物 200～300 kg，浅水浸沤，加速其腐烂分解。待水质变肥，再注入新水，使水深达 80～100 cm，然后放养鱼种。有些养鱼 2～3 年的新开池塘，水质仍未变肥，也可以再这样处理。

对于酸性较重的新开池塘，不宜急于养鱼，宜用有机质较多的淤泥把塘底覆盖 10 cm 左右，晒白，再加粪肥、骨粉、石灰混合泼洒，然后插禾苗。当禾苗生长到一定高度后，灌水 30 cm 左右沤 10～15 d。待禾苗腐烂分解，耗氧高峰过后，即可放鱼种。

3. 加强追肥，多施有机肥 新开池塘由于淤泥少，缓冲能力弱，水质易变，应适当多施有机肥（最好略加石灰发酵后再施），实行有机肥与无机肥相结合，氮肥与磷肥相结合。例如，用有机肥与过磷酸钙混合堆肥，碳酸氢铵与过磷酸钙（2：1）或尿素与过磷酸钙（1：1）混匀追肥均可。

四、酸性池塘的改造

当水体 pH 在 4 以下时，就会导致养殖鱼类死亡。可用化学中和法与生物法相结合，改造酸性鱼塘。

1. 化学中和法 用生石灰中和池水。生石灰的施放量依池水的 pH 高低而定，一般每 667 m² 每米水深施放生石灰 50 kg，可使 pH 提高 1。方法是：先测定池水的 pH 和平均深度，计算出该口池塘所需的生石灰用量，然后将生石灰盛在疏箩筐中，用担杆平衡搁置在池内的小艇两旁，箩筐浸没在水中，划动小艇，直至生石灰乳化均匀分布于池内为止。

2. 生物法 在施放生石灰的同时，一次施足有机肥（每 667 m² 放基肥 500～750 kg），然后及时放种、投饲，依靠生物自身生命活动过程中代谢产物的调节，达到稳定 pH 的目的。实践表明，当施放生石灰后，池水的 pH 在 5.8 以上时，施放的有机肥矿化作用加快，浮游植物生长繁殖旺盛，其光合作用就能使水中溶氧量升高，pH 也逐渐提高而稳定下来。

强酸性的新开池塘，塘基大部分为酸性土，一遇降雨，基面受冲刷，土壤中的酸性物质即会流入池内，使池水的 pH 下降 0.5～1.0。因此，大雨和暴

雨后必须每 $667\ m^2$ 池塘追施生石灰 $25\sim50\ kg$，以减弱池水的酸性。

五、越冬设施建造

1. 越冬池建造　修建越冬池的工程必须在越冬前完成，以保证笋壳鱼适时进入越冬池。越冬池应选择在向阳背风、水质较好、靠近热源、水源和交通方便的地方修建。越冬池可以是水泥池或土池。一般室内静水池最好是水泥池结构，便于换水和排污。越冬池的大小，要根据保种数量、加温条件和管理水平而定。利用地下温泉水、深井水或工厂余热越冬的，越冬池面积应根据水温高低、流量大小而定，一般面积 $50\sim500\ m^2$ 或更大，池深 $1.5\sim2.0\ m$；利用电或煤炉等人工加热的，面积在 $100\ m^2$ 以内，池深 $1.0\sim1.5\ m$。

越冬池一般有水泥池和土池 2 种。$100\ m^2$ 以内的越冬池最好为水泥池，因为池小，水质变化快，水泥池便于排污、换水。$100\ m^2$ 以上的越冬池可为土池，因较大水体有一定的自净作用，不需要经常排污。

越冬池的形状以东西向长方形为好。越冬池为水泥池的，池的一端应设进水口，另一端底部设出水口（或排污口），进水口到排污口要有一定坡降，便于排污。进、出水口要安装拦鱼网，防止逃鱼。

2. 越冬温室建造　在长江中下游地区和北方地区，笋壳鱼的越冬期长达 $5\sim6$ 个月，需建温室越冬。为了具备增温和保温性能，越冬室应尽量利用日光，一般利用玻璃或透明塑料薄膜作为顶棚覆盖材料。在温室中要配备辅助增温设施，如电加热器、小型锅炉等。玻璃温室使用年限长，增温、保温效果好，但造价高，一次性投资较大。塑料大棚温室则采用钢材、水泥制件、毛竹、木材等做支柱和拱架，建拱形或"人"字形的棚，以聚氯乙烯薄膜或聚乙烯薄膜为覆盖材料。聚氯乙烯薄膜较轻，透光性好，保温性强，热传导率低，抗张力大，使用寿命 $1\sim2$ 年。聚乙烯薄膜透光性更好，但保温性、抗张力差，伸长率小，且易老化，使用寿命较短。塑料大棚使用寿命较短，但建造简易，材料来源广，投资小，应用十分广泛。

3. 塑料大棚建造　广东地区主要是塑料大棚越冬，要选择地势较高，保水力好的背风向阳处建越冬池。池子为水泥池或土池，建在地面以下，面积不宜大，$50\sim100\ m^2$，长方形，水深 $1.5\sim2.0\ m$，池埂高出地面 $20\sim30\ cm$，地上棚面不宜过高，一般半坡式，上面覆盖塑料薄膜，薄膜与地面相连的四周用稀泥密封。薄膜上再盖一层疏网，以防大风吹坏薄膜。水温低于 $16\ ℃$ 时，要用锅炉或电加热器增温。这种越冬池一般不换水、不排污，要设置小型增氧机经常增氧。当气温回升时，要揭开部分薄膜，使空气流通，不致闷热造成缺氧死亡。

第六节 养殖尾水处理设施

在渔业养殖过程中，因改善水质而向养殖池塘外排出的含氮、磷等元素较高的水，称为渔业养殖尾水。尾水处理，一般使用生态净化技术，采用生物技术、工程技术等措施对渔业养殖尾水中的氮、磷等营养元素进行吸附、转化及吸收利用，达到净化水质、防止水体富营养化的目的。

一、生态净化塘建设

在渔业养殖区按一定面积比例构建的以生物系统为核心净化渔业养殖尾水的池塘，称为生态净化塘。生态净化塘主要由工程部分和生物部分组成，工程部分主要包括池塘内小岛、水下浅滩、水下沟壑等，生物部分包括护坡植物、水生植物和水生动物。

二、生态沟渠

在渔业养殖区按一定面积比例构建的以生物系统为核心的初步净化渔业养殖尾水、连接渔业养殖池塘与生态净化塘的沟渠，称为生态沟渠。生态沟渠主要由工程部分和生物部分组成，工程部分主要包括渠体、拦截坝、节制闸等，生物部分包括护坡植物、水生植物和水生动物。

三、工程设计

1. 生态沟渠 应符合《灌溉与排水工程设计标准》（GB 50288）和《渠道防渗工程技术规范》（SL 18）要求，面积一般按渔业养殖面积的1‰左右建设。渠体的断面为等腰梯形，上宽大于2.6 m，底宽1.0 m，深0.8 m。渠壁、渠底均为土质（图3-1）。

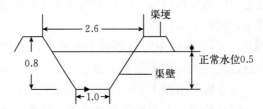

图 3-1 生态沟渠断面示意（单位：m）

2. 拦截坝、节制闸 在生态沟渠的出水口处用混凝土建造拦截坝，拦截坝的高度为0.6 m，低于排水沟渠渠埂0.2 m，拦截坝长1.95 m，宽0.6 m，并在拦截坝上建一个排水节制闸。排水节制闸的闸顶高度为0.5 m，闸底高度设计为 0.1 m，闸孔净高设计为 0.4 m，闸孔净宽设计为 0.4 m，闸门采用直升式平面钢闸门。排水口底面离渠底 10 cm，根据需要可将沟渠的水位分为 10 cm、50 cm 2 种状态（图 3-2）。

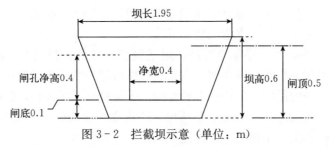

图 3-2 拦截坝示意（单位：m）

3. 生态净化塘 应符合 GB 50288 和 SL 18 要求，面积一般按渔业养殖面积的 9% 左右建设。一般设置在养殖池塘的下游或地势低洼区。生态净化塘为中心水深 3.0～4.0 m 的深水塘，池塘边缘 3 m 范围内水深小于 1 m，从池塘边缘到中心逐渐加深。小岛的坡度小于 45°，数量以 3～5 个为宜，错位分布，各小岛底部总面积占生态净化塘面积的 20% 左右。将生态净化塘底部建设成高低不平的水下浅滩、水下沟壑，沟壑方向为迎主导风向。

4. 生物配置

（1）植物配置。

① 植物的选择。选择对氮、磷等元素具有较强吸收、转化、利用能力，根系发达、生长茂盛，具有一定的经济价值或易于处置利用，并可形成良好生态景观的植物。植物配置中必须有一定比例的标志性无冬眠型或短冬眠型水生植物。

② 生态沟渠植物的配置。生态沟渠中的植物可由人工种植和自然演替形成，沟壁植物以自然演替为主，人工种植如狗牙根（夏季）、黑麦草（冬季），沟中相间种植水生鸢尾、菖蒲、空心菜、水芹等挺水植物，以及粉绿狐尾藻、马来眼子菜、金鱼藻、苦草等沉水植物。水生植物面积占生态沟渠水面面积的 60% 左右，其中常绿植物占植物总面积的 50% 以上。

③ 生态净化塘植物的配置。生态净化塘岸边种植垂柳和水松等，间距为 4 m 左右。生态净化塘近岸浅水区种植水生鸢尾、菖蒲、水芹和千屈菜等挺水植物；水深 1.0～2.0 m 的区域种植睡莲、莲藕等浮水植物及粉绿狐尾藻、马来眼子菜、金鱼藻、苦草等沉水植物。生态净化塘内植物面积占池塘水面面积的 60%，其中常绿植物占植物总面积的 50% 以上。

（2）水生动物配置。

① 水生动物的选择。选择对溶解氧、水温等条件要求较宽、生长繁殖能力较强的滤食浮游生物及草食性、杂食性的水生动物。

② 水生动物的配置。生态沟渠、生态净化塘中的水生动物由人工放养和自然繁殖形成。在生态净化塘中放养螺蛳、蚌、鳙、草鱼等水生动物,放养密度以达到水质净化和保持生态平衡为参考标准,一般螺蛳、贝类的放养密度为每 667 m² 50～100 kg,鱼类的放养密度为每 667 m² 30～50 尾。在生态沟渠中也可适量放养螺蛳、蚌等水生动物。

③ 生态沟渠、生态净化塘管护。定期收获、处置、利用生态沟渠、生态净化塘中的水生动植物。减少沟、渠、塘堤岸植物带受岸上人类活动、沟渠水流、沟渠开发等的影响,维护一定密度的旱生植物和水生植物,保护生态多样性。沟底淤积物超过 20 cm 或杂草丛生,严重影响水流的区段,要及时清除,保证沟渠通畅和水生生物的正常生长。

四、渔业养殖尾水生态净化效果与检测

渔业养殖尾水经过生态净化处理后,总氮的平均去除率应不低于 50%,总磷的平均去除率应不低于 40%。

第四章

高效生态养殖技术

一、鱼苗繁育

(一)繁殖生物学

线纹尖塘鳢与云斑尖塘鳢一样,产黏性卵。产出的卵呈椭圆形,长径 0.6～0.9 mm,短径 0.4～0.6 mm,比我国现存淡水鱼类中的尖头塘鳢、褐塘鳢等的卵径(约 1.5 mm)还要小。卵小,刚孵出的仔鱼也小,全长仅 2.875 mm,5 日龄仔鱼全长 4.31 mm,口裂宽 0.3～0.52 mm,开食适口生物饵料较难满足;即使受精卵的孵化率高及仔鱼卵黄囊内具油球,但孵出的前期仔鱼混合营养期短,仅 2～3 d,并正处在开食期,这些对仔鱼的存活都极为不利。由于水体适口饵料生物不足及仔鱼摄食能力所限,线纹尖塘鳢 3～5 日龄仔鱼的开食率约为 30%,与云斑尖塘鳢相似,前期仔鱼在进入外源性营养期时大量死亡,成为尖塘鳢育苗的主要瓶颈。尖塘鳢的池塘全人工繁殖,获得大批量的前期仔鱼较容易,但仔鱼育成早期幼鱼就有一定的难度,成活率接近 30%。

个体生殖力,对同期选育池养群体进行解剖观察,线纹尖塘鳢 1＋龄雌鱼到了生殖季节已有成熟个体,雄鱼略小于雌鱼,个体绝对生殖力(F)1.90 万～8.48 万粒,平均 4.87 万粒;个体相对生殖力(FW)145～232 粒/g,平均 201 粒/g。

在珠江三角洲地区冬季具简易棚膜覆盖的池养条件下,线纹尖塘鳢的性成熟时间为 1 冬龄以上。1—3 月水温较低(18～28 ℃),鱼卵巢内卵细胞多处于Ⅱ期相,成熟系数 1.03%。4 月后,随着水温上升,卵细胞逐渐发育,经小生长期和大生长期,卵黄迅速积累,进入Ⅲ、Ⅳ期相。此时,可见一颗颗均匀的卵粒挤满卵巢,卵中充满了卵黄,外有卵泡膜包裹。4 月中下旬以后,水温恒定在 24 ℃以上,卵巢内的部分卵细胞发育至Ⅳ期后期,即性成熟期。此时,成熟的卵子呈椭圆形,长径 0.6～0.9 mm,短径 0.4～0.6 mm,仍由卵泡膜包裹着。5—11 月的产卵期,卵巢内的卵细胞都处在Ⅲ、Ⅳ、Ⅴ期相。卵细胞进入Ⅴ期相,也称流动期,此时卵细胞从卵泡膜脱出,掉入卵巢或腹腔,进入排卵期。此时的卵具有真正的受精能力。产后卵巢中各种期相卵细胞都存在，但不久Ⅳ、Ⅱ期相卵细胞消失，剩下Ⅲ期相和Ⅳ期相前期卵细胞。

线纹尖塘鳢虽然1冬龄即有部分达性成熟，但生产中最好选择1冬龄以上的亲鱼进行产前培育。线纹尖塘鳢的人工繁殖，其先决条件是必须有性腺发育良好的亲鱼。因此，培养好亲鱼是繁殖成功的关键。亲鱼前期培育，一般都在越冬池内进行。水温高于18℃时，可投喂一些优质冰鲜鱼，同时添加适量维生素与矿物质以增强亲鱼体质，促进性腺发育。当水温稳定在20℃以上时，将亲鱼从越冬池中转出，池塘每天注水1次，刺激亲鱼性腺发育，同时继续投喂优质冰鲜鱼及混合鳗配合饲料，进行后期培育。

在室内孵化桶自然水温26.8～29℃条件下，线纹尖塘鳢正常胚胎历时70 h孵出，个体间胚胎发育的时程差异达10 h。受精卵经细胞分裂期、囊胚期、原肠期、神经胚期、器官形成期、肌肉效应期和孵化出膜期等7个连续典型发育期，完成胚前发育。初孵仔鱼全长2.875 mm。胚后发育以卵黄囊消失殆尽为前期仔鱼，历时4 d，5日龄仔鱼全长4.31 mm，混合营养期2～3 d。

（二）亲鱼的产前培育

1. 池塘培育 珠江三角洲地区，每年10月以后为亲鱼产前培育期。亲鱼池选用1 200～1 500 m²的长方形池塘，深2.5 m，底平坦，淤泥厚5～10 cm，具灌水源，水质清新，pH 6.2～8.2；先干塘、暴晒、构搭好钢丝绳棚架，以便覆盖农用塑膜越冬。放养前8～10 d，池塘先注水1～1.5 m，用茶粕、生石灰等进行常规清塘、消毒，然后按肥、嫩、爽、活要求培水，在池塘里种养占10%～20%水面的水葫芦。选择作亲本的鱼最小个体重250 g，2周龄以上，放养量2～2.5尾/m²，即0.5～0.8 kg/m²，雌雄比2:（1～1.5）。11月后开始覆盖棚膜，越冬期间保持水温在18℃以上，并有一段时间为25～30℃；投饲育肥，饲料为块状冰鲜海鱼，如蓝园鲹、蛇鲻等，并黏附添加含有适量维生素、矿物质的鳗料；日投饲量为鱼体总重的2%～2.5%，早晚各1次，定点投放在饲料篮内，每30～40尾设1个饲料篮。

2. 水袋（箱）培育 水袋定置在池塘里，是近几年采用的产前培育方法。水袋以塑料织布剪裁缝制而成，规格3 m×3 m×1.2 m或4 m×4 m×1.0 m，微透水，保持袋内水深0.8～1 m；有充气、换水设备。水袋定置的池塘同样经常规消毒、培水，也可定置在幼成鱼培育池或越冬池内。放养量为1.5～3 kg/m²。水袋内有水葫芦等浮水植物遮盖水面1～2 m²；每4～7 d从定置的池塘中换水1次，换水量不少于1/3。与池养一样，采用饲料篮定时、定量投喂。

（三）临产亲鱼的选择与放养

珠江三角洲地区，每年4月水温稳定在20℃以上时，开始把越冬池内的亲鱼移放到繁殖池。临产亲鱼的雌性个体体色较浅，腹部丰满，体表黏液较多，手摸有粗糙感，尿殖乳突膨大，呈浅红色圆突扇状，泄殖孔较大，位于尿殖乳突次末端；雄性个体体色较深，线纹明显，黏液较少，手摸感觉较光滑，腹部不及雌鱼丰满，尿殖乳突较小，呈乳白色、尖三角形，泄殖孔开口于尿殖乳突末端，孔周有黑色素点。亲鱼繁殖池面积 1 000～1 500 m²，水深 1.2～1.5 m，经清塘、消毒。池里沿近边处安放一定数量产卵巢，亲鱼（♀）与鱼巢数比为 1∶（0.4～1）。鱼巢用 60 cm×40 cm 的塑料板，3 块 1 组做成一个三角形，上部露出水面，垂直安置在水深 60～80 cm 处，内表面敷贴上 100 目的纱网，作为受精卵黏附用。离鱼巢顶面 30 cm 处设有遮光面。繁殖池的亲本放养量为 0.5～0.8 kg/m²。

（四）产卵、受精

1. 池塘诱导产卵　珠江三角洲地区自然条件下，线纹尖塘鳢的繁殖季节在 4—11 月，适宜水温 24～32 ℃。在池塘投放鱼巢、流水刺激等人工控制下，每年分 4—7 月、9—10 月 2 个繁殖期段。1 个繁殖期内，线纹尖塘鳢可产卵 1～3 次。一般是雄鱼先选择好鱼巢，然后诱驱雌鱼进入，产卵、受精多在夜间或清晨前进行，持续 3～6 h。产卵结束后，雄鱼独自守在鱼巢内，不时摆动尾部，直至仔鱼孵出。

2. 人工催产　为了获得批量较同步的发育受精卵，可采用人工催产。先把选择好的亲鱼暂养在水槽或定置在池塘的水袋内，催产采用胸鳍基部一次性注射，催产剂及剂量为雌鱼 HCG 1 000～1 500 IU/kg＋鲤 PG6～10 mg/kg 或 LRH - A15 μg/kg＋DOM 3 mg/kg，雄鱼剂量为雌鱼的 50%。注射后的亲鱼按雌雄比 1∶1 放入产卵池，24～48 h 内便会在巢穴中自行产卵、受精。

（五）受精卵的孵化

亲鱼产卵后，将鱼巢上粘有受精卵的纱网或连同塑料板一起移放到孵化桶内进行孵化。桶的直径 0.5 m，高 1.2 m，孵化用水经 180～200 目的筛绢过滤，并预先充气。受精卵移入孵化桶时，应使其呈悬吊状态，弱光条件下开启气泵，使水体呈微流动状态。仔鱼容量 1 万～2 万尾/m³。定时换水、排污，清除未受精而霉变的卵。受精卵在孵化桶内孵出，直至发育为前期仔鱼。

二、鱼种培育

（一）苗种暂养

1. 暂养装置与饲养方法　苗种暂养利用孵化槽装置。在池塘设置以聚乙烯彩条布（未做防水处理）缝制的宽 1 m、水深 80 cm 的水槽，长 10～20 m，可依生产需求灵活调节；槽顶遮光，避免阳光直射；在池边放置高 1.5 m、直径 0.5 m 的铁桶，桶口装置筛网，桶的底部设有直径 4 cm 的阀门，以过滤塘水作微流水水源。孵出的鱼苗在槽内暂养 10 d，暂养密度约 2 万尾/m³。选择含浮游生物丰富的清新塘水，依暂养时间与适口性选择以 100 目、80 目、60 目的筛网过滤后作微流水水源进入水槽，相应地水槽也通过滤过作用富集，槽内轮虫数量维持在 15 个/mL 以上。

2. 仔鱼检测　对鱼苗进行连续观察，孵化初期每天用抄网取样 4 次，逐渐延长至每天 2 次至每天 1 次。每次随机取样 5～10 尾，在显微镜下用解剖针挑开消化道，观察食物组成和饱食度。

（二）池塘培育

1. 苗种培育池　苗种培育池 1 300～2 500 m² 为宜，呈长方形，池底平坦，淤泥厚 5～10 cm，排灌分流。放苗前 1 个月排干池水，修整池塘，并暴晒。放苗前第 15 天左右注入清新水 80～90 cm，注水时用 120 目的网布过滤，用生石灰 127 g/m² 清塘。

2. 培水　在鱼苗下塘前 5 d，每天以 3 kg 黄豆磨成的豆浆与 4.5 g/m² 饲料酵母全塘泼洒 1 次，目的是培养轮虫，在线纹尖塘鳢鱼苗下塘时轮虫的丰度达到 10 个/mL 以上。这期间如果池水中枝角类、桡足类大量出现，需全池泼洒 0.3～1 g/m³ 晶体敌百虫来杀灭。

3. 鱼苗放养　选择出膜时间相近并经暂养的鱼苗，在晴天 9:00—10:30 放塘，放养密度为 140～150 尾/m²。放塘时水温的差值不得超过 3 ℃；有风天在鱼池的上风处放鱼苗。

4. 饲料及投喂　在培苗早期鱼苗全长 0.9 cm 前，投放豆浆和饲料酵母。先将黄豆加水浸泡，然后用渣浆分离的磨浆机磨成浆，再加入饲料酵母，每天全塘泼洒 2 次，每次 2～3 kg 豆浆＋4.5 g/m² 饲料酵母，泼洒时间为 9:00 左右和 17:00 左右。泼洒豆浆与饲料酵母主要是继续培育轮虫，维持 10 个/mL 以上的丰度。鱼苗全长 0.95 cm 后应施肥，以发酵好的鸡粪（30 g/m²）装于蛇皮袋中投放，促进枝角类和桡足类的繁殖。鱼苗全长 1.5 cm 后，先投喂成条的水丝蚓，再投喂人工捞取的枝角类、桡足类或切碎的水丝蚓，逐渐过渡至全部投喂水丝蚓。投喂时间为 6:00 和 18:00，投饵率 8%～10%。同时，每 667 m² 设置 4～6 个 1 m² 大小的食台，食台离塘堤 2 m 左右，沉至塘底，逐步引诱鱼苗至集中摄食点投喂。

5. 日常管理　在黎明、中午、傍晚和夜里均要巡塘，观察鱼苗活动情况和水色、水质变化情况，发现问题及时采取措施。定时测定溶解氧、pH、水温。定期检测饵料生物的丰度及组成，根据需要增减投饵量和加添新水，培育和调节水质。

（三）笋壳鱼苗种的装车与起运

1. 准备　苗种装车前，取其池水按 3% 的比例加入食盐配制运输用水，并让食盐在盆中充分溶解，然后再将笋壳鱼放入盛有运输用水的盆中，过数装袋（过数及装袋要带水作业），连鱼带水装至氧气袋的 1/4 处时轻压氧气袋排出袋内空气后充氧封袋，最后将其装入纸箱平放好后封箱装车。装车时，做到逐箱装入，整齐成行不留空隙，以利于每箱在车内固定；箱与箱之间可以多层叠加，往上堆放，但一般应在 4 层左右，因为叠层过高则纸箱受压变形而挤破氧气袋造成损失，叠层过低则装车容量不足而浪费运力。苗种装好车后，还应备好一定数量的氧气袋和纸箱，以便在运输途中发生破损时更换使用。

2. 苗种的起运 笋壳鱼苗种装好车后立即起运，行车时做到速度均匀，并尽量避免时快时慢和紧急刹车，以防止因惯性突然改变而损伤袋内鱼体。运输途中留心观察氧气袋有无漏水、漏气和纸箱变形等情况，若发现有则立即拣出置换，并重新装袋封口装箱。若发现有严重变形的纸箱，也应查明原因并采取相应措施加以解决。正常情况下，运程用时在 10 h 左右的笋壳鱼苗种均可安全到达，途中不需换水和加氧。

(四) 笋壳鱼苗种的卸车与投放

运输苗种到达目的地后，逐箱从车上搬至池边，然后取出氧气袋，再逐袋放置于池中 30 min 左右，使袋内水温与鱼池水温基本一致，最后解开氧气袋口让袋内笋壳鱼随水缓缓流入鱼池。放鱼时，袋口必须贴近鱼池水面，不能距水面一定距离（尤其是距投放水面很高的空中）倾倒；否则，会因巨大落差形成的冲力而导致笋壳鱼受伤。

三、成鱼养殖

(一) 养殖条件

1. 养殖池准备和辅助设施 水产养殖必须重视维护池塘日常生产所需的合理的生态环境条件，防止淤泥越积越多，生态环境日趋恶化，造成许多意想不到的严重后果。淤泥过多的危害主要表现在以下几个方面：①养殖产量低。由于淤泥增厚增多，池底抬高，造成池塘变浅、水体容量变小，鱼类的生活空间减少，这些都不利于密养高产。②容易产生浮头，泛塘死鱼。③容易形成"老水"，使鱼类的品质差，抵抗力降低。④容易引起暴发性鱼病。淤泥中有许多寄生虫、细菌和病毒。当池塘环境恶化时，酸性增强，也正是各种病原体滋生、蔓延的有利条件。同时，在不良环境中，鱼体应激抗逆的抵抗力减弱，因此容易引发鱼病。

(1) 养殖池准备。

① 清除过多的塘淤泥。在每个生产周期后，利用冬春（11 月至翌年 2 月）季节清淤。为了保持鱼塘的肥度和水质相对稳定，可保留 15 cm 深的淤泥。

② 彻底让池底暴晒。在冬季经过清淤的池塘，可利用空闲的时间，将池塘排干水，让池底接受彻底充分的风吹、日晒，经阳光照射和风化后，塘底少量淤泥变得比较干燥、疏松，同时又可以杀死所有病原体和寄生虫（卵），改善了池塘生态环境，提高了池塘肥力，为翌年春季放养夺取高产增收打下了良好的基础。

③ 施放生石灰。池塘施放生石灰（每 667 m² 施放 100 kg），不但可以杀灭潜藏和繁生于淤泥中的鱼类寄生虫（卵）、病原体、病毒等，而且可以提高 pH，澄清池水。另外，生石灰遇水后变成氢氧化钙，又吸收二氧化碳生成碳酸钙，碳酸钙能使淤泥变成疏松的结构，改善池底的通气条件，加速细菌分解有机质。

（2）辅助设施。养殖池塘面积 0.1～0.5 hm²，蓄水深 1.5～2 m，池埂坚固、不渗漏；壤土底质，淤泥少，在 10 cm 以下；灌排水方便，水质良好。放养前先排干池水、清淤暴晒，然后注水清塘消毒，进水口用 45～60 目纱网过滤，防止野杂鱼和敌害生物进入。继续注水使池水深达 1.5 m，人工施肥、培水备用。辅助设施包括网箱（水箱）和网围。网箱以无结节聚乙烯纱网制作，规格 3 m×3 m×1.2 m 或 4 m×4 m×1.5 m，网目 20～40 目，配置充气泵。水箱用塑料布制作，微透水，规格同网箱，配置换水泵和充气泵。网围由 20 目聚乙烯纱网制作，高 1.8 m，长 50～100 m，每间隔 2～2.5 m 设一固定竹竿，连同网片底杆一起踩在底泥里，形成 100～400 m² 的围隔水域。

2. 光照和遮光隐蔽物 线纹尖塘鳢喜弱光。网箱和网围内设置有大藻或凤眼草等浮生植物组成的遮光面，占网箱水面的 1/3～1/2、占网围的 1/5～1/4；池塘离周边 1 m 外设置多个用竹子做成的浮架，长 6～8 m，宽 1～1.5 m，种养大藻为尖塘鳢提供隐蔽栖息场所。

3. 越冬池的构建 珠江三角洲地区每年 12 月至翌年 3 月，自然水温18 ℃以下时尖塘鳢停止摄食，12 ℃以下的低温累积会被冻死，需建造简易棚膜越冬池。宜选择长方形、南北走向、面积 0.12～0.5 hm² 的池塘，先清淤暴晒，搭建"人"字形钢丝绳棚架，后带水清塘消毒，水深保持 1.5～2.5 m。越冬池于 11 月前进鱼，12 月初覆盖农用塑膜。

（二）饲养管理

1. 苗种放养与中间培育 线纹尖塘鳢为底栖、有占地和同种相残特性、生长差异大的鱼类。因此，幼鱼必须经中间培育、筛选、分级池养，以使同一饲养池的放养规格基本一致。中间培育在网箱、网围和池塘里进行。网箱也可改为水箱，用较厚的塑料布制作，与网箱一样定置在池塘中，除具充气泵外，还需具换水泵。网箱、水箱放养量为全长 2.2～2.7 cm 的幼鱼150～200 尾/m²，经 10～15 d 的适应性暂养，规格达 3～3.5 cm 时再转入网围。网围放养密度为 100～150 尾/m²，经 25～30 d，养成全长 4～4.5 cm 的幼鱼，再行分筛、分级转入较小面积（1 000～2 500 m²）中间培育池。池塘放养密度改为 30～40 尾/m²，饲养至越冬前，时间 90～120 d，长成体长 12～13.5 cm 的幼鱼，11 月转入越冬池。进池前的幼鱼，个体大小差异很大，体长介于 5～18 cm，需进行分筛、分级饲养。越冬池的放养密度为体长 12～13.5 cm 的幼鱼 40～55 尾/m²；个体超大或超小的幼鱼需分开放养，置于越冬池内的网箱或水箱内，容量密度为体长 8～11 cm 的幼鱼 75～100 尾/m²，体长 14～17 cm 的幼鱼 30～40 尾/m²。越冬池内的水温应确保在 18 ℃ 以上，水温超过 30 ℃ 时需揭开大棚通风口。水箱需定期换水。深夜或水中溶解氧量低时，网箱、水箱均应启动充气泵。经 120～130 d 越冬，幼鱼体长 15～17.5 cm，个体大小差异仍然很大。

2. 人工混合饲料的制作与投喂　线纹尖塘鳢的早期幼鱼已完成驯食人工混合饲料。国内外尖塘鳢饲料的营养配方尚未确立，目前常用的是人工混合饲料，以低值冰鲜海鱼为主，加工成鱼糜、鱼块，添加 5%～10% 鳗用配合饲料或面粉作黏合剂制作而成。采用饲料篮定点投喂，每 50～60 m² 水域设置 1 个投饲点。饲料篮沿池边均匀放置在水深约 60 cm 的池底，日投饲量为鱼体总重的 5%～7%，晨昏各 1 次，早晨投饲量占全天投饲量的 40%，傍晚占 60%。

3. 池塘水质的调控　养殖线纹尖塘鳢的池塘水源水质良好。中间培育池经清塘、消毒后即行培水。清塘消毒后 3～4 d，一次性施放以野生菊科植物为主要成分的绿肥 1.5 kg/m² 或以熟化鸡粪为主的有机粪肥 0.25 kg/m²。当浮游动物枝角类等达繁殖高峰期（生物量 8～10 个/L）、水色呈油绿或淡茶褐色、pH 6.5～7.5 时，开始投放全长 3～4 cm 的早期幼鱼。之后，一边投饲，一边保持水色相对稳定，透明度 25～30 cm，pH 略偏酸性。池养线纹尖塘鳢常见的病害有寄生虫引发的侵袭性疾病、致病性细菌等引发的传染性疾病，危及稚幼鱼和幼成鱼。

四、日常养殖管理

（一）养殖投入品管理

养殖投入品主要包括苗种、饲料、肥料、渔药、化学品等。投入品的使用直接影响渔业生产和水产品质量卫生安全。

1. 苗种　外购的受精卵、苗种和亲本应来自相关行政主管部门批准并有水产苗种生产许可证的种苗场。自繁苗种的生产过程和产品应符合相关法规及质量标准的规定，并做好种质质量的保护。应保存苗种采购记录和苗种自繁记录。

2. 饲料　饲料采购应来自相关行政主管部门批准的饲料加工企业。自配饲料主要原料的采购应符合相关行政主管部门的规定。为符合可追溯的要求，应保存所有饲料的采购记录或其他相关文件，并至少保存 3 年。记录包括饲料类别、数量、饲料营养成分表、生产商等内容。饲料储存需设专用的场所，储存场所的温湿度、通风等条件合理。定期清扫检查饲料的储存场所、容器和运输车辆，废弃的发霉或受潮的饲料应安全地处置。饲料的保存方法有缺氧保存、干燥保存、通风保存、低温保存和化学保存。渔用饲料的保存对于保持其营养成分至关重要，如果保存不当，容易造成渔用饲料变质、营养损失或产生有毒物质。渔用饲料的保存，其含水量不能超过 13％，以 10％以下为好。保存渔用饲料的仓库、场地应干燥、避光。有条件的地方，渔用饲料最好用塑料袋密封保存。避免鼠类、昆虫等有害动物消耗和损坏饲料。应采取适当的控制措施以防止鼠类、害虫其他动物对饲料可能造成的污染。不同种类的特殊饲料、药物饲料和普通饲料应严格区分标示，标示清晰，并且分开堆放。饲料的使用应按照先进先出的原则。饲料的批次清楚，易于追溯。渔用饲料的质量、卫生和安全指标应符合 GB 13078 的要求。

3. 肥料　池塘施肥的作用，就在于不断补充池塘在物质循环过程中由于捕获水产品所造成的损失，保持和促进池塘物质循环能力，即保持和促进基础生产力，以获得较高的产量。为防止因施肥造成养殖水体富营养化，除苗种培育必须通过施肥培育开口饵料外，成鱼养殖建议少施或不施肥料。池塘施肥要合理，第一，保持池水营养盐类的总体平衡，防止营养元素单方面过剩而白白浪费或造成环境污染。第二，根据不同养殖模式和投喂饲料形成的水质特点，选择合适的肥料。第三，要保持池水具有充足的溶解氧，防止施肥后，因缺氧引起鱼类浮头泛池。第四，要根据化学和生物肥料的特点，选择合适的化学肥料或生物肥料。第五，应控制肥料使用总量，水中硝酸盐含量在 40 mg/L 以下。第六，不得使用未经国家或省级农业部门登记的化学或生物肥料。施肥必须根据天气情况及水质情况灵活调控，一般应选择天气晴朗有阳光时段，最好能结合进行水质测定及浮游生物种群结构分析。水色以褐绿色或绿色为宜，透明度 30～50 cm。有许多针对养殖对象生产用的水产专用肥料，可适当选用。

4. 渔药　在购买渔药时，一定要注意所购买的渔药是否有商品名称和化学名称、生产批准文号、厂家名称、地址、生产批号、生产日期和批次、有效期和失效期等，这些都是目前兽药（渔药）标签所必须标明的内容。渔药的存放对于保持渔药的质量、保证产品的安全有直接影响。养殖场只能存放法律法规允许的渔药，不得存放违禁药。养殖场的渔药存放应设有专用的药品库，通风良好、光线充足，并能上锁，应符合化学品存放场地的要求。有特殊储存条件（如冷藏）要求的，应提供专用的储存设备。每个养殖场渔药仓库都相应建有渔药清单或药品档案，内容包括每种药的生产商、供应商、使用方式、使用剂量等信息。应针对渔药的进、销、存情况，建立库存台账。渔药的使用必须按照《无公害食品　水产品中渔药残留限量》（NY 5070—2002）和《无公害食品　渔用药物使用准则》（NY 5071—2002）的规定执行，严禁使用未取得生产许可证、批准文号、产品质量执行标准的渔药，禁止使用高毒、高残留渔药，禁止使用致癌、致畸、致突变作用的渔药，禁止使用国家明令禁止的渔药。渔药的使用应在经过培训的有资质的专业人员指导下进行。这类专业人员应当掌握疾病的病名、病因、症状、诊断技术和药物等的基本知识，才能判定疗效。滥用或误用药物可能造成更大的经济损失或严重的后果。通常规定由取得处方权的兽医师或渔医师开列渔药处方，以杜绝随意使用渔药的情况。

池塘养殖生产用药须做到以下几点：

（1）合理用药。正确的用药方法有全池泼洒、浸浴、内服等。全池泼洒法，是最常用的方法，须做到药物充分溶化和泼洒均匀，所有个体都接触到药物，当水深大于 1.5 m 时，先泼洒药量的 70%，间隔 1 h，再泼洒余量。浸浴法，用药量少，是预防疾病、提高苗种成活率和保护环境的有效方法之一，但较为麻烦。内服法，对预防体内寄生虫和细菌感染有较好的效果，但要防止盲目增大剂量、增加用药次数及延长用药时间。

（2）防止药物残留。药物残留，即在水产品的任何食用部分中残留渔药的原型化合物和其代谢产物，包括与药物本体有关的杂质。NY 5070—2002 规定水产品中不得检出氯霉素、呋喃唑酮、己烯雌酚、喹乙醇。金霉素、土霉素、四环素、磺胺类及增效剂（碘胺嘧啶、磺胺中基嘧啶等按总量计）允许存在于水产品表面或内部的浓度为 100 μg/kg。同时，要重视休药期，即最后停止给药日至水产品作为食品上市出售的最短时间。

（3）杜绝使用禁用药品。严禁使用对水域环境有严重破坏而又难修复的渔药，严禁直接向养殖水域泼洒抗生素，严禁将新近开发的人用新药作为渔药主要或次要成分。

（4）改进施药方法。

① 内服外用结合。内服与外用药物具有不同的作用，内服药物对体内疾病有较好疗效，外用药物可治疗皮肤病、体表寄生虫病等。对细菌性疾病，适宜于内服、外用相结合。

② 中西药物配合使用。中草药结合化学药品能提高疗效，起到互补作用。

③ 药物交替使用。长期使用单一品种的药物，会使病原体对药物产生抗药性，应该使用同一效果的不同种药物。

（5）注意配伍禁忌。药物配合使用能增加药效，提高治疗效果，但配伍不当，将产生物理或化学反应，降低药效或失效，甚至产生副作用。常见药物配伍禁忌，如使用生石灰遍洒，再用敌百虫，将产生毒性很强的敌敌畏，致使鱼类中毒；漂白粉与生石灰混用，会使次氯酸离子在强碱性水体中灭活力降低90%以上；磺胺药物不可与酸性药液或生物碱类药物混合使用，抗生素不能与微生物制剂同时使用；否则，失效，两者使用间隔要在3 d以上。另外，还要注意药物的敏感性和针对性。如虾蟹类，鳜、鲈、鲇科鱼类，淡水白鲳等对敌百虫很敏感，应慎用，治疗小瓜虫病禁用硫酸铜和硫酸亚铁合剂，使用后不但无杀虫效果，反而促使小瓜虫形成胞囊，并大量繁殖，致使病情恶化。

（6）慎用抗菌药物。抗菌药物如使用不当，在杀灭病原生物的同时，也抑制了有益微生物的生存。由于微生态平衡中有益菌群被破坏，鱼体抵御致病菌的能力减弱。滥用抗菌药物，使病原体对药物的耐药性增强，施药量越来越大，且效果不佳。因此，在治疗鱼病时，应有针对性地使用对致病菌有专一性的抗菌药，而不应盲目采用广谱性的、对非致病菌有杀灭能力的抗菌药物，以免伤害鱼体内有益微生物菌群。

（7）提倡生态防病。积极推广健康养殖和生态养殖模式，推广使用微生物制剂和中草药进行鱼病防治，改善水体生态环境，大力推广使用"三效"（高效、速效、长效）、"三小"（毒性小、副作用小、用量小）的渔药。

（8）渔用疫苗。渔用疫苗是动物用药的一种。将疫苗保存在2～5 ℃的阴暗处，不可冻结保存。疫苗通过接种对象体内产生免疫力来达到预防疾病的目的，因而有可能因接种对象自身不够健康而不能产生足够的免疫效果。因此，要使渔用疫苗最大限度地发挥效果，平时合理的饲养管理和卫生管理是重要的基础条件。

（9）防止环境污染。消毒时使用过的装药的袋子、瓶子等废弃物应按实验室无害化处理方法销毁，防止随意乱扔，以免造成环境污染。在使用渔用疫苗前要与指导机构取得联系并接受其提供的疫苗使用指导书。按指导书要求到指定的出售渔用疫苗的店铺购入所需用量的疫苗。在使用渔用疫苗时，应请技术人员进行现场指导或培训人员。目前，利用生物工程技术研制的疫苗主要有基因工程疫苗、DNA疫苗。

5. 化学品 鉴于化学品对食品安全所起的重要作用，国家也已经制定和出台许多有关化学品管理的法律法规。养殖场除应遵守这些规定外，应指定专人负责采购有资质的化学品，同时保留往来的相关单据。化学品的有关特性（如危险性、腐蚀性等）决定了化学品必须单独运输、储存、上锁、严格使用登记等。有的化学品对人体有直接危害，如易爆、易燃、具有腐蚀性。在称量、配制、使用这些化学品时，员工应接受过相关培训，并在指定的场所按照规定的操作程序进行。养殖场应提供发生事故时急救所需的有关设施。

（二）养殖生产管理

养殖生产管理应包括养殖生产的各个方面。养殖生产一般包括生产技术管理、生产计划管理、人员管理、设施设备管理、质量管理、销售管理等。按照产前、产中、产后的主要生产内容，池塘养殖生产技术管理一般包括清塘、消毒、施肥、苗种培育、成鱼养殖、日常管理、投喂、病害防治、收获、清淤等主要环节。每个养殖周期应对池塘进行清污和修整。在清除淤泥后，池塘应晒干至底泥表面龟裂。对于水泥池和铺塑料薄膜的鱼池，应对其进行充分清洗。清污整池工作一般在每年冬季进行，养殖池塘经一年养殖后，会积聚污泥、残饵、排泄物等。

五、加强饲养管理

笋壳鱼在池塘中的生活、生长情况是通过水环境的变化来反映的，各种养殖措施也都是通过水环境作用于鱼体的。因此，水环境成了养殖者和鱼类之间的"桥梁"。良好的水环境只是养殖场所的硬件，还需通过管理，即通过人为地控制和维护，使其符合鱼类生长的需要，才能让环境发挥更好的效能。

（一）控制养殖水质

由于笋壳鱼耐低氧能力差，对水体溶解氧要求较高，一旦缺氧浮头，笋壳鱼会很快死亡。据测定，在同等条件下，笋壳鱼鱼苗窒息点是鲢的 3.1 倍，鲤的 5.1 倍，鲫的 12.5 倍。因此，笋壳鱼的养殖用水以清新、无污染、溶解氧量高、含病原微生物少的江河、湖泊、水库水为佳，若为其他水源，则要经过沉淀、过滤，以免敌害生物对池塘造成危害。

养殖用水必须符合国家颁布的《渔业水质标准》（GB 11607—1989）以及《无公害食品　淡水养殖用水水质》（NY 5051—2001），养殖用水如需循环使用应采取过滤、沉淀、消毒等方法进行处理，确保水质良好。在养殖过程中搞好水质调控，确保水深、溶解氧、pH、透明度、氨氮、重金属等主要因子在标准范围内，保持良好的水域生态环境。

（二）经常冲水增氧

在养殖过程中，可通过控制放养密度、冲水、开增氧机、定期泼洒生石灰等措施来保证良好的水质，最好能保持微流水状态。如溶解氧在 6 mg/L 以上，透明度 30～40 cm，pH 中性或微碱性等，对笋壳鱼的生长及疾病预防均能起到积极的作用。

养殖初期，应每 10～15 d 加注新水 1 次；7—9 月，随着水温升高，每 5～7 d 加水 1 次。在整个养殖期间，一般每隔 10～15 d 泼洒 1 次生石灰，浓度为 15～20 g/m³，以调节水的 pH。同时，应根据天气变化和水质情况灵活掌握增氧机开机时间和次数，闷热或有雷阵雨时及时开机增氧。

（三）做好卫生管理

笋壳鱼养殖卫生管理主要应做好以下工作：

（1）定期对水源、水质、空气等环境指标进行监控检测。

（2）做好池塘清洁卫生工作，经常消除池埂周边杂草，保持良好的池塘环境，随时捞出池内污物、死鱼等，如发现病鱼，应查明原因，采取相应防范措施，以免病原扩散。

（3）掌握好池水的注排，保持适当的水位，经常巡视环境，合理使用渔业机械，及时做好水质处理和调控。

（4）做好卫生管理记录和统计分析，包括水质管理、病害防治以及所有投入品等情况，及时调整养殖措施，确保生产全过程管理规范。

第五章

病害防控与管理

　　病害防控与管理是笋壳鱼养殖成功的重要环节之一。在良好的饲养管理条件下，笋壳鱼较少发病。但在饲养管理条件不好，特别是近年来多种高密度集约化养殖条件下，笋壳鱼病害日趋严重，特别是一些病毒性疫病，传染性强，易引起暴发性死亡。此外，冬、春季节水温偏低、摄食偏少、冻伤，或运输、扦捕过程受伤等导致鱼体质较弱时，也易被多种病原体侵袭、感染，导致发病死亡。笋壳鱼病害的发生不仅降低了笋壳鱼的产量，而且还极大地影响其经济效益。因此，要加强其病害防控工作，坚持以预防为主、防治结合的原则。保持良好的水质，做好日常投喂和管理工作是防病的关键。

　　由于养殖规模有限，笋壳鱼在国内一直以来都被视为小鱼种，而归入特种水产养殖。国内外对其营养代谢、生长发育特性方面的研究报道较多，但对其疾病方面的研究较少。云斑尖塘鳢常见的疾病是寄生虫病，如指环虫、猫头鳋、车轮虫和小瓜虫。此外，细菌性肠炎和霉菌病也有发生。病毒性疾病的报道不多，流行性溃疡综合征是云斑尖塘鳢较严重的疾病之一，从有溃疡症状的云斑尖塘鳢中已分离到的病原包括双核糖核酸病毒、蛙病毒属虹彩病毒、嗜水气单胞菌和真菌，但其致病源至今仍有争议，病毒性病原在这种大规模流行性溃疡病的作用尚不明确。

第一节　鱼类发病的综合因素

　　笋壳鱼发病主要与外界因素及鱼体自身的抵抗力有关。具体来讲，外界因素包括养殖水体水质、饲养管理、生物因素等。总体来讲是机体与外界因素相互作用的结果。

一、养殖水体水质

　　养殖水体的理化因子，如温度、水质、溶解氧、水体富营养化等变化过快，或超出了笋壳鱼所能忍受的临界限度都可能引起生理失调而致病。此外，工业"三废"和城市垃圾的不合格排放,农业生产中农药、化肥的不规范使用,以及水产养殖自身带来的污染均对水产养殖生态环境造成了不同程度的破坏,从而直接或间接地损害鱼体,导致疾病的发生。

1. 温度 鱼是变温动物,体温随外界环境的改变而改变,水温的急剧升降,鱼体不易适应,影响其抵抗力,从而导致疾病的发生。鱼苗下塘时要求池水温差不超过 2 ℃,鱼种要求不超过 4 ℃,温差过大,就会引起鱼苗、鱼种不适而大量死亡。

2. 水质 影响水质的因素主要有水体有机质、生物、水源、底质、天气等。水体有机质过多,微生物分解旺盛,一方面消耗水中大量的氧,造成池水缺氧,引起鱼类浮头。同时,还会释放硫化氢、沼气等有害气体,这些有害气体集聚一定浓度后,引起鱼类中毒死亡。另一方面,水质不良也会引起鱼类抗病力下降,加上病原微生物大量繁殖,极易引发鱼病。天气突变会导致水中浮游生物大量死亡,导致池水 pH 及其他水质指标变化、水质恶化;工业或城市废水中含大量有害物质等,对鱼类生理机能产生直接影响,引发鱼病。

3. 溶解氧 水中溶解氧含量对鱼类生长和生存至关重要。当池水溶解氧低到 1 mg/L 时,会发生浮头,如果溶解氧得不到及时补充,鱼类会因窒息而死亡。若溶解氧过多,又可能引起鱼苗患气泡病。

4. 水体富营养化 养殖水体富营养化,藻类会大量繁殖,产生大量对鱼类有害甚至是致死的物质。底质淤泥沉积过多,既消耗溶解氧,又产生二氧化碳、氨氮、硫化氢和有机酸等有害物质,氨氮和亚硝酸盐等含量也会超标,导致池水老化、病原菌大量繁殖,微生态系统的平衡遭到破坏,生物群落结构发生改变,引起鱼类抵抗力下降,从而易受到病原微生物的侵害。

二、饲养管理

1. 放养密度不当 单位面积内放养密度过大或底层鱼类与上层鱼类搭配不当,超过了养殖容量,会导致鱼类营养不良,抵抗力减弱,为疾病流行创造了条件。

2. 饲养管理不当 投喂腐败变质的饲料也是导致疾病的重要因素。另外,施肥的种类、数量、时间和肥料处理方法不当,不仅易使水质恶化,而且加剧了鱼类病害微生物的生长,都可引发鱼病。

3. 机械性操作不当 拉网、运输途中操作不当,容易擦伤鱼体,给水中细菌、霉菌等感染鱼体提供了可乘之机。人为换水、倒池、玩逗、惊吓也可能导致疾病。在转池、运输和饲养过程中,由于操作不当或工具不适宜,导致表皮破损,鳍或肢体断裂,体液流出,渗透压改变,机能失调,以至死亡。除了这些直接危害外,伤口还是各种病原微生物侵入的途径。

三、生物因素

笋壳鱼疾病的发生还与其自身的抗病能力有关。引起鱼类生病的生物因素包括鱼体本身的种质、体质和病原体。

1. 种质　长期以来，由于近亲交配，笋壳鱼种质退化严重，从而造成抗病力减弱，这可能是近年来笋壳鱼疾病发病率升高的原因之一。另外，不同品种的笋壳鱼抗病力的强弱也不一样。

2. 体质　一般来说，鱼体体质越好，抗病力也越强，即使有病原体存在，也不易生病；相反，体质越差，越容易生病。不同种类鱼体对同种病原体的敏感性不一样，同种鱼体在不同发育阶段，对病原的敏感性也不一样，同种同龄鱼免疫力也不一样，鱼类的这种抗病力，是其机体本身的内在因素。因此，我们应尽量创造条件，提高鱼类自身的抗病力。

3. 病原体　一般常见的鱼病，多数是由各种病原体侵袭鱼体而致病的。这些病原体包括病毒、细菌、霉菌、藻类、原生动物、蠕虫、蛭类、钩介幼虫、甲壳动物等，都可引发鱼病。另外，水鼠、水鸟、水蛇、蛙类、凶猛鱼类、水生昆虫、水螅、青泥苔、水网藻等则可直接蚕食或间接危险鱼类。

第二节　笋壳鱼病害防控及综合措施

一、科学防控技术

鱼类生活在水中，其活动状况不易观察，一旦发病及时诊断和治疗都有一定困难，对于大水面也不易操作，所以树立健康的养殖理念，通过科学的养殖管理来控制水产养殖病害，才能从根本上达到防治和减少疾病的目的。水产养殖的科学防病技术措施主要有以下几个方面。

（一）控制和消灭病原体

1. 使用无病原体污染的水源和用水系统　水源及用水系统是鱼类疾病病原体传入和扩散的第 1 途径。在建养殖场前，应对水源进行周密考察。优良的水源条件应是充足、清洁、不带病原体以及无人为污染，水的理化指标应符合养殖鱼类的需求。用水系统应使每个养殖池有独立的进排水管道，养殖用水先引入蓄水池，经净化、沉淀、消毒处理后再进入养殖池，以防止病原体随水源带入。

2. 做好池塘清淤和消毒　池塘是养殖动物栖息生活的场所，同时也是各种病原体潜藏和繁殖的地方，池塘环境直接影响鱼类的生长和健康。池塘清淤消毒是预防疫病的重要措施。清淤后每 667 m² 用 100～120 kg 生石灰或 15～20 kg 漂白粉（含有效氯 25％以上）进行消毒，5 d 以后，在池塘的进水口设置 60 目的过滤网进水，肥水并培养基础饵料，为养殖品种的放养创造优良的生活环境。

3. 强化疫病检测 对鱼类的检测是针对其疫病病原体的检查，目的是掌握病原体的种类和区系，了解病原体对鱼类感染、侵害的地区性、季节性以及危害程度，以便及时采取相应的控制措施，做好对鱼类输入和运出的疫病监测工作，防止疫病传播和流行。

4. 建立隔离制度 鱼类一旦发生疫病，首先应采取严格的隔离措施，对已发病的地区实行封闭，发病池塘中的鱼类不得向其他池塘和地区转移，不得排放池水，工具未经消毒不能在其他池塘使用。与此同时，专业人员要勤于清除发病的死鱼，及时掩埋或销毁，对发病鱼及时做出诊断，确定防治措施。

5. 实施消毒

（1）苗种消毒。根据苗种的不同种类不同规格，选择不同的药物和使用剂量。鱼苗可用 50 mg/L 的聚维酮碘溶液、10～20 mg/L 的高锰酸钾等药浴 10～30 min。

（2）工具消毒。各种养殖用具，如网具、塑料和木制工具等，常是病原体传播的媒介，特别是在疫病流行季节，应该一池专用。如果工具数量不足，可用 50 mg/L 的高锰酸钾或 200 mg/L 的漂白粉等浸泡 5 min，用清水冲洗干净再用，也可每次使用完后在太阳下暴晒后再使用。

（3）饵料消毒。投喂的商品配合饵料可以不进行消毒。如投喂鲜活饵料（包括冷冻保存的），均要用 30 mg/L 高锰酸钾或 100～200 mg/L 的漂白粉浸泡 5 min，然后用清水冲洗干净后再投喂。

6. 药物预防 鱼类疫病的发生，都有一定的季节性，常在 4—10 月流行，因此可定期进行药物预防，养殖用水可用生石灰 15～20 mg/L 或漂白粉 1～1.5 mg/L 消毒，每月 2 次。

7. 建立病害测报体系 目前，我国绝大多数养殖场和养殖户没有能力和条件对传染性流行病进行早期快速检测，而地区间亲本、苗种及不同养殖种类的运输又频繁，因此有关行政管理部门要组织科研单位、地方建立检测网络体系和信息预报。疫病一旦发生，要及时通报，并采取隔离措施，避免疫病传播和蔓延。

（二）改善和优化养殖环境

1. 合理放养 一是放养密度要合理；二是混养的不同种类要合理。混养不但具有提高单位养殖水体效益和促进生态平衡的功能，而且具有保持养殖水体中正常菌群调节微生态平衡、预防疫病暴发流行的作用。这是因为导致不同养殖种类发病的病原体不尽相同，特别是危害极大的某些病毒病，如草鱼出血病、对虾病毒病等。合理的放养密度和混养，减少了同一种类接触传染的机会。

2. 科学的水质调控　维持良好的水质不仅是鱼类生存的需要，而且也是使鱼类快速生长和增强抗病力的需要。池塘养殖和网箱养殖都是人工管理的集约化生产，其中有限的养殖水体、一定的放养密度、饵料的大量投喂等，都人为地干预了鱼类的自然生态需求，使残饵粪便及其代谢产物密度增高，引起水质参数急剧变化，给有害生物提供了适宜的生长繁殖条件，从而影响鱼类的生长和健康。科学的水质调控，是通过对水质各参数的监测，了解其动态变化，及时进行调节，纠正那些不利于鱼类生长和影响其免疫力的各种因素。一般来说，必须监测的主要水质参数有 pH、溶解氧、温度、盐度、透明度、总氨氮、亚硝基氮和硝基氮、硫化氢，以及监测优势生物的种类和数量、异养菌的种类和数量。

3. 保证充足的溶解氧　氧是一切生物赖以生存的基本要素。鱼类对于溶解氧不仅直接表现为呼吸需要，而且还表现为环境生态需要。在氧气充足时微生物可将一些代谢物转变为无害或危害很小的物质；相反，当溶解氧含量低时，可引起物质氧化状态的变化，使其从氧化状态到还原状态，从而导致环境自身污染，引起养殖动物中毒或削弱其抗病力。所以，保持养殖水体溶解氧在 3.5 mg/L 以上不仅是预防鱼类疫病的需要，而且也是保护环境的需要。

4. 不滥用药物　药物具有防病治病的作用，但是不能滥用。滥用药物，不仅给养殖生产造成一定的经济损失，而且在一定程度上加重了水产养殖水域的污染，如抗生素，如经常使用就可以污染环境，使微生态平衡失调，并使病原体产生抗药性。因此，不能有病就用抗生素，应在正确诊断的基础上对症下药，并按规定的剂量和疗程，选用疗效好、毒副作用小的药物。药物与毒物没有严格的界限，只是量的差别，用量过大，超过了安全浓度就可以能导致鱼类中毒甚至死亡。

5. 适时适量使用环境保护剂　水环境保护剂（包括水质改良剂和底质改良剂），能够改善和优化养殖水环境，并促进鱼类正常生长、发育和维护其健康。在产业化生产中，通常是在养殖的中、后期根据养殖池塘底质、水质情况每月使用 1～2 次。

常用的环境保护剂有：生态制剂，用量为 0.2～0.5 mg/L；生石灰，每次每 667 m² 用 20～30 kg；沸石粉，每次每 667 m² 用量 30～50 kg（100～150 目的粒度）；过氧化钙，每次每 667 m² 用量 10～15 kg。

（三）提高养殖群体的免疫力和抵抗力

1. 选育抗病力强的养殖品种　在鱼类养殖过程中，常见到一些鱼类发病的池塘或网箱中，大多数养殖个体和某一种类患病死亡，而存活下来的个体或品种，很健康，没有感染疾病，或感染极轻微，然后又恢复健康。这些现象表明，鱼类的抗病能力随个体或品种不同而有很大差异。因此，利用个体和种类的差异，挑选和培育抗病力强的养殖品种，同样是预防疫病的途径之一。

2. 培育和放养健壮苗种　放养健壮和不带病原体的苗种是养殖生产成功的基础。

3. 免疫接种　免疫接种是控制鱼类暴发性流行病最为有效的方法。目前已有针对草鱼出血病、虹鳟传染性胰脏坏死病、鲤鱼出血性败血症、鱼类气单胞菌病、弧菌病等的商品疫苗。

4. 投喂优质饵料　饵料的质量和投喂方法，不仅是保证养殖产量的重要措施，而且也是增强鱼、虾类等水产养殖动物对疾病抵抗力的重要措施。所以，要根据不同鱼类及其发育阶段，选用多种饵料原料，合理搭配，精细加工，使其既适口又营养全面。

5. 降低应激反应　在水产养殖系统中，凡是偏离水产养殖动物正常生活需要的异常因素，统称应激原。人为因素，如水污染、投饵的技术与方法不当，自然因素，如暴雨、高温等，常引起水产养殖动物的应激反应。通常在比较缓和的应激原作用下，水产养殖动物可通过调节机体的代谢和生理机能而逐步适应，达到一个新的平衡状态。但是，如果应激原过于强烈，或持续的时间过长，水产养殖动物就会因为能量消耗过大，机体抵抗力下降，成为水中某些病原体侵袭的对象，最终引起疫病的感染甚至暴发。因此，在养殖过程中要尽量降低应激原的强度，减少其持续时间。

二、综合措施

鱼病的发生，大都是由于水质不良、饲养管理不当或鱼体防御能力弱而引起的。因此，鱼病的综合预防主要采取严格消毒、调节养殖水质、科学投饵、科学管理、定期抽样检查等措施进行综合预防，达到预期的防治效果。

1. 切断传播途径

（1）水源条件。使用无污染水源，要求水量充足、水质清洁、不带病原体、无人为污染等，水的物理和化学特性要符合国家渔业水质标准。

（2）排灌系统。要求注水排水渠道分开，单注单排，避免互相污染；在工业污染和市政污染水排放地带建立的养殖场，在设计中应考虑修建蓄水池，水源经沉淀净化或必要的消毒后再灌入池塘中，这样就能防止病原体从水源中带入和免遭污染。在总进水口加密网（40目）过滤，避免野杂鱼和敌害生物进入鱼池。

（3）水源消毒。根据水源中存在的病原体和敌害生物，可选择以下方法中的任何一种进行消毒：用 $25\sim30~\mu L/L$ 生石灰全池泼洒；用 $1~\mu L/L$ 漂白粉（含有效氯25%以上）全池泼洒；用 $0.5~\mu L/L$ 敌百虫（90%的晶体敌百虫）

全池泼洒；用 0.1 μL/L 富氯全池泼洒；用 0.3 μL/L 鱼虫清 2 号全池泼洒。

2. 药物预防疫病　无公害养殖笋壳鱼，要尽量保证它们健康生长、避免用药。但为了抑制病原体的繁殖和生长，控制病原体的传播，进行必要的药物预防十分重要，不可忽视。

（1）池塘消毒。每年冬天最好清除池塘底过厚的淤泥，在鱼苗放养前必须对池塘以及周围环境进行严格的清理和消毒。常用的清塘药物有生石灰、漂白粉等。一般生石灰的用量为每 667 m² 75 kg，全池泼洒；也可用 20 μL/L 漂白粉（有效氯 30%）全池泼洒。其中，以生石灰的效果最好，能同时起到杀灭敌害、改良水质和施肥的作用。

饲养过程中，应定期对养殖水体进行消毒。一般每隔 10～15 d，每 667 m² 1 m 水深的水体用生石灰 25～30 kg，加水溶解后，全池均匀泼洒。一方面，可以消毒杀菌，同时还起到调节水质的作用；另一方面，还可以利用漂白粉、三氯异氰脲酸或二氯异氰脲酸钠等进行水体消毒，效果也较好。

（2）苗种消毒。鱼苗种在放养之前，特别是大水面或集约化养殖之前，应注意苗种消毒，杀灭体表的病原体，减少病原体传播。同时，还可以拣出受伤鱼苗，用浓度 2%～4% 的食盐水浸泡 5～10 min。浸泡过程中，应注意经常检查鱼苗的忍受情况。

（3）工具消毒。养殖过程中使用的工具，特别是发病池使用过的工具，必须经过消毒后才能使用。一般利用 2% 的高锰酸钾或 10×10^{-6} mg/L 的硫酸铜浸泡 30 min，大型工具可晒干后再使用。

（4）饲料消毒。在商品饲料或自行收集的小鱼虾等饲料中拌入少量的土霉素或金霉素（占饲料的 5%）后再投喂。中高温季节，可在饲料中按每千克鱼体重每天拌入 5 g 大蒜头或 0.5 g 大蒜素，连用 6 d。同时，可加入少量食盐。有机肥施放前必须经过发酵，并且每 500 kg 用 120 g 漂白粉消毒处理后才能投入池中。

3. 科学饲养管理

（1）放养优质鱼种。投放的鱼种最好是来源于同一个养殖场或同一个鱼种池，鱼种规格大体相同。切忌一塘鱼种七拼八凑；否则，鱼种的大小规格、肥满度、抗病力及适应水体环境能力等的不同，会引起饲养管理上的困难，容易造成鱼种染病死亡。

（2）合理混养密养。不同种的鱼类对同一种疾病的感染性有所不同，不会一起发病。杂食性鱼类（如笋壳鱼）可直接吃掉一些危害鱼类的病原体。滤食性鱼类（鲢、鳙）能将过量的浮游生物（藻类、寄生虫动物）滤食掉，防止发生绿皮水（蓝绿藻过量）。在混养的情况下，还应防止鱼的密度过大，导致鱼类因抢食（吃）接触摩擦体表而受伤，进而感染病原体。

（3）科学投饲施肥。根据不同的养殖模式、鱼类不同的发育阶段以及当时水体各方面的条件，坚持"四定"原则进行投饲，"四定"的内容应根据季节、天气、水温、生长和环境的变化而改变。同时，为了提供足够的天然饵料，可在池塘中施基肥或追肥，并且坚持基肥一次施足，追肥及时、少量、勤施的原则。

（4）加强日常管理。每天坚持早、中、晚各巡塘1次，注意塘鱼的活动、摄食情况，有无浮头和病害现象。早上巡塘比较容易识别鱼类疾病和早期症状，便于及时治疗。在鱼病流行季节，阴闷恶劣天气和暴雨后的早晨，要勤巡塘，检查鱼类活动和有无病情。定时检测水温、溶解氧、氨氮等的变化情况，定期进行排污、加注新水和换水。改善养殖环境，勤除杂草，及时捞出残饵和死鱼，定期清理和消毒食场，减少病原体的繁殖和传播。对养殖场的电网、增氧机械、车辆、交通道路等也要经常检查修补。另外，在拉网、转塘、运输过程中，注意操作，做到轻、快、柔，防止鱼体受伤而感染疾病。

第三节　中草药防治鱼病

随着水产养殖病害的日趋严重，养殖中所使用的渔用药物的种类和数量也在不断增多。抗生素、促生长剂、杀虫药等的大量使用带来了药物残留大、抗药性强等问题，既危害人类健康，又污染环境。随着对中草药研究的深入，从中草药中开发出新型的饲料添加剂和渔用药物，特别是着重增强鱼体的免疫力和抗病力，将会使我国的水产养殖业加速发展成为绿色产业，也为我国水产品能顺利进入国际市场铺平道路。

一、中草药的特点

中草药具有抗菌、抗病毒及增强免疫功能、提高机体抗病力等作用，副作用小，毒性低，不产生抗药性，所以无残留、无污染的中草药越来越受到重视，应用也日益广泛。

1. 就地取材资源广　我国地域辽阔，中草药资源丰富，可就地取材，易种易收，成本低，且使用简单。

2. 无药物残留、无公害　中草药是一种理想的天然、环保型绿色药物，保持了各种成分的自然性和生物活性，其成分不仅易被吸收利用，不能被吸收的也能顺利排出体外，不会在动物体内残留，而且在环境中易被细菌等分解，不会污染水环境。而一般的化学药物成分则会积累在鱼类体内或长期残留于水中。

3. 不产生抗药性　中草药具有高效、毒副作用小、安全性高、残留少等诸多优点，有毒的中草药经过适当的炮制加工后，毒性会降低或消失；通过组方配伍，利用中药之间的相互作用，提高了其防病治病的功效，减弱或减免了毒副作用。目前，医学研究尚未发现中草药有抗药性的问题。

4. 增强免疫功能　中草药能增强免疫功能，提高机体抗病能力，促进鱼类生长。可以完善饲料的营养，提高饲料转化率。中草药本身含有一定的营养物质，如粗蛋白质、粗脂肪、维生素等，某些中草药还有诱食、消食健胃的作用。

二、中草药的作用

中草药的抗菌作用、抗病毒作用、增强免疫功能、提高机体抗病力的药理研究已取得丰硕成果。

1. 杀虫、抗菌、抗病害　利用中医基础理论、中药药理、中药化学、中药制剂等学科理论和技术研制出一些防治鱼虾类暴发性疾病的药物。主要是对鱼类病毒、细菌、真菌性疾病具有重大突破。如苦楝皮、马鞭草、白头翁等能杀虫；大黄、黄连、大青叶等能够抑菌；板蓝根、野菊花等有抗病毒的能力。如防治病毒性鱼病的中草药有大黄、黄柏、黄芩、大蒜等；防治细菌性鱼病的有乌桕、五倍子、菖蒲、柳枝、大黄、黄柏、黄芩等；防治真菌性鱼病的有五倍子、菖蒲、艾叶等；防治寄生虫类鱼病的有马尾松叶、苦楝树叶、樟树叶、乌桕叶、桉树叶、干辣椒、生姜等。

2. 增强机体免疫力　水产动物具有相对完善的免疫功能，中草药能增强机体免疫力，可以对其起调节作用。

（1）作用于下丘脑—垂体—肾上腺皮质轴调节免疫功能。

（2）改善骨髓造血功能。

（3）调节细胞内环核苷酸的含量和比例，对免疫反应发挥调节作用。

（4）提高和改善核酸代谢功能，改善或促进机体核酸代谢和蛋白质的合成。

（5）增强吞噬细胞的吞噬功能，提高机体非特异性免疫力。

3. 完善饲料营养　中草药含有多种营养成分和生物活性物质，如粗蛋白质、粗脂肪、维生素等，作为饲料添加剂，可以完善饲料的营养，促进笋壳鱼生长，提高饲料转化率。某些中草药还有诱食、消食健胃的作用。

三、中草药防病技术

在目前全面提倡健康养殖的新形势下，推广中草药防治鱼病，有着极其重要的意义。但是，中草药药效不十分稳定，且难以把握剂量，不少养殖者缺乏中草药防治鱼病的知识，往往用药不当，效果不佳。下面介绍几点中草药防治鱼病的注意事项。

1. 正确诊断病因　使用中草药防治鱼病应坚持"科学配方，对症下药，规范应用"十二字原则。其中，对症下药相当重要，只有查出病因，才能对症治疗。鱼病发生原因不外乎水体环境因素、饲养管理因素或病原体因素影响，前2种通过人为调控即可解决，对于病原体因素致病的，也要分清是病毒性的、细菌性的，还是真菌类或寄生虫类，找准致病原因、发病症状，才能选择合适的中草药对症治疗。

2. 了解药物性能　防治鱼病的中草药种类很多，不同的中草药有不同有效成分和药效功能。按中草药的药效功能，分抗菌、灭虫和辅助性药物3大类。防治鱼病时，要根据不同鱼病类型，选择相应的药物。

3. 区分用药对象　使用中草药防治鱼病，对于不同的鱼类或不同的养殖周期，用药有时也有所不同。如甲鱼防病时，在苗种阶段应以气味较小且口感好的鲜嫩草药为主，既无副作用，又适合口味，且能防病促长，常用的有马齿苋、蒲公英、喜旱莲子草、铁苋菜等，而对于鱼种或成鱼，则可用处理过的药粉拌饵投喂。

4. 讲究加工方法　由于化学合成药物成分单一，所以一般可直接使用于养殖水体，而中草药是由多种成分配合组成，如果直接投入水体或投喂鱼类，就可能出现效果不佳甚至无效的情况，故使用前必须采取原药粉碎或切碎煎熬，或者鲜药打浆或榨汁使用。使用干中草药还要进行炮制，具体有开水浸泡和煎煮2种方法。开水浸泡法是把药放入开水中，浸泡10~15 h，使其成分充分溶解于水中，用火煮沸后再用温火煎10~20 min，即形成药液。煎煮法是直接将药煎煮沸腾后使用。生产中常用浸泡法。

5. 把握用药剂量　用药前要对养殖水体体积、鱼体体重进行计算，再根据药物的性能和使用方法计算出用药量。由于中草药因其季节、产地、炮制方法不同，其有效成分含量差异较大，且属于粗制型产品，其剂量难以把握，故经验数据很重要。当采用内服方法时，一般防病可以用干饲料量的1%~1.5%；治病则用干饲料量的2%~3%；外用时，一般以10~30 g/m³为宜。

6. 保证用药时间　用药天数要根据需要灵活掌握，一般为2~3 d，但应以能根治鱼病为原则。如果在2~3个疗程中鱼病不见好转，应调换其他中草药予以治疗。

7. 注意配伍禁忌　中草药在配方时，必须搞清楚各种单味中草药的药性和所含的成分，及相互间作用原理，在混合用药及交替用药时必须弄清药物间的配伍禁忌及鱼体的耐受程度，如黄芩与黄连不宜合用；内服土霉素时不宜与五倍子合用。有的药物对某些鱼类有极强的毒性或浓重的气味，影响鱼类的生长和生存，也不宜使用。

第四节　笋壳鱼常见疾病的防治方法

一、细菌性疾病

(一)烂身病

1. 流行情况及症状　主要由温和气单胞菌、嗜水气单胞菌等单胞菌引起,主要发生在水温较低的冬春季。病变部位以鱼头部和尾部较多,溃烂后可见骨。可能是拉网、运输导致鱼体受伤和应激,继发感染嗜水气单胞菌引起体表和眼部溃烂。

2. 防治方法

(1) 消毒水体,二氯异氰脲酸钠粉,每立方米水体用量 0.06~0.10 g(以有效氯计);或三氯异氰脲酸粉,每立方米水体用量 0.15~0.20 g(以有效氯计);或聚维酮碘,每立方米水体 45~75 mg,全池泼洒,每天 1 次,连续 2 次。

(2) 用复方磺胺甲噁唑粉(每 100 g 复方磺胺甲噁唑粉含磺胺甲噁唑 8.33 g、甲氧苄啶 1.67 g)拌饵投喂,每千克体重用量 0.45~0.60 g,1 d 1 次,连用 5~7 d。

(二)细菌性烂鳃病

1. 流行情况及症状　主要由柱状嗜纤维菌引起。病鱼鳃丝肿胀,末端发白,或有淤血、出血;鳃丝残缺不全、黏液增多,有污物附着。患病个体常常离群独游,食欲减退,行动缓慢,反应迟钝,呼吸困难。一般发生在 4—10 月,夏季较严重,水温 20 ℃开始流行,水温 26~32 ℃是烂鳃病适宜流行的温度,在养殖密度大、水质不良情况下更易暴发流行。

2. 防治方法

(1) 加强日常管理,保持水质稳定,增强鱼体抵抗力。

(2) 消毒水体,二氯异氰脲酸钠粉,每立方米水体用量 0.06~0.10 g(以有效氯计);或三氯异氰脲酸粉,每立方米水体用量 0.15~0.20 g(以有效氯计);或聚维酮碘,每立方米水体 45~75 mg;或五倍子粉末,每立方米水体 0.3 g,全池泼洒,每天 1 次,连用 2 次。

(三)细菌性肠炎病

1. 流行情况及症状　主要由嗜水气单胞菌、豚鼠气单胞菌等引起。病鱼离群独游,食欲减退,体色发黑,肠壁局部发炎、肠内无食物或仅在后段有少量食物。严重时病鱼腹部膨大,肛门红肿外凸。腹腔内积有大量淡黄色液体,轻压病鱼腹部,有黏液从肛门流出。一般发生于 4—6 月、8—10 月,25~30 ℃时为流行的高峰期。

2. 防治方法

（1）加强水质管理，保持水质良好，投喂新鲜饵料，禁止投喂变质饵料。

（2）加强水体消毒。水体消毒一般可用二氯异氰脲酸钠粉、三氯异氰脲酸粉，用量可参照"细菌性烂鳃病"部分。

（3）投药。内服药物可用：复方磺胺甲噁唑粉（每100 g复方磺胺甲噁唑粉含磺胺甲噁唑8.33 g、甲氧苄啶1.67 g），每千克体重用量0.45～0.60 g，1 d 2次，连用5～7 d。首次量加倍，或每千克体重用大蒜素40～50 mg，拌饲料投喂，连用3～5 d。

二、病毒性疾病——虹彩病毒病

1. 流行情况及症状　病鱼体表无明显症状，濒死时从池塘底层游至水面，呈现游动失衡直至死亡；死亡个体腹部膨大，剖检后可见肝、脾、肾肿大，有出血斑点。一般发生在4—6月、10—12月，水温23～28 ℃为流行高发期。

2. 防治方法　目前尚无有效的药物防治方法，只能加强综合防控措施。加强饲养管理，投喂新鲜饲料。饲喂前对饵料鱼进行消毒处理。提高鱼体的免疫力，改良水质，提高水体溶解氧含量，保证良好的养殖环境。

三、寄生虫引起的病害

（一）锚头鳋

1. 流行情况及症状　病原体是锚头鳋，繁殖水温12～33 ℃，主要流行于夏季水温25～30 ℃时。寄生在鱼的胸鳍、腹鳍下，将鱼捕起十分容易看到。鱼得病初期并无不适，鱼体被锚头鳋寄生叮咬处，伤口局部红肿、化脓。病鱼食欲减退、鱼体消瘦，导致鱼种死亡。锚头鳋个体较大，肉眼可见。因鱼表皮被破坏容易感染多种体表性疾病和并发症，最终引发鱼血液系统感染而死亡。防治不及时或不能坚持彻底杀虫，在一定时间内虽不会造成大规模死亡，但零星死亡不断。

2. 防治方法　笋壳鱼耐药能力强，使用高出常规标准值1～2倍的药物未见对其有损害，各类水产杀虫剂均可使用，杀虫剂需间隔7 d使用第2次。可使用阿维菌素、敌百虫杀虫剂，敌百虫浓度为1～1.5 μL/L。

（二）车轮虫病

1. 流行情况及症状　车轮虫病是南方地区性水产常见病，一年四季都可发病，尤以4—9月最为流行，并能引起细菌病的发生，使笋壳鱼大量死亡。病原体是车轮虫，属原生动物，个体较小，在显微镜下可见其形似车轮或像帽形或碟形。车轮虫是水体中一种常见的原生动物，它主要寄生在鱼的体表，以吸取组织细胞为营养，使鱼的鳃丝肿大，黏液分泌增多，用手指轻压鳃部，有带血水的黏液流出。镜检时，可见大量车轮虫聚集在鳃丝边缘，或在鳃丝的缝隙里，鳃丝肿胀、充血，鳃丝间隙质被破坏，充塞大量黏液，鳃丝部分缺损，严重时，大部分鳃丝腐烂，末端附有污泥，同时表现出烂鳃病的症状。当大量感染时，影响鱼的呼吸和生长，鱼体消瘦，游动缓慢，摄食减少，终至死亡。

发病时，笋壳鱼离群独游，病鱼的鳃部有大量黏液，鳃瓣溃烂胀大，病鱼呼吸困难，鱼体表苍白、出现白斑，鳍条充血、腐烂，特别是在阴雨天，因水体分层或水体缺氧，早上会有大量的病鱼浮头，在塘边慢游，翌日会有大量病鱼死亡。

2. 防治方法

（1）放苗时，采用3％的食盐水进行药浴。

（2）对于已经发病的池塘，用0.7 mg/L的硫酸亚铜和硫酸亚铁（5∶2）的混合液，全池均匀泼洒。在养殖笋壳鱼过程中，创造一个良好的养殖环境，保持水质肥、活、嫩、爽，加强底质改良，选用新鲜、营养全面的饵料增强鱼体体质，加强养殖过程中的日常管理，做到"无病先防、有病早治、对症下药"，就能减少病害发生，提高养殖经济效益。

（3）车轮虫净等各类水产杀车轮虫剂均可使用。

（三）小瓜虫病

1. 流行情况及症状　病原体是多子小瓜虫，最适生长水温为15～25 ℃。小瓜虫病在广东流行季节为1—4月和9—12月，当水温在10 ℃以下或26 ℃以上时，不发生此病。小瓜虫病能引起细菌病和水霉病的发生，能使笋壳鱼大量死亡。小瓜虫能寄生在鱼的体表、鳃部、鱼鳍、眼睛等部位。当小瓜虫寄生在体表时，刺激皮肤组织分泌大量黏液，并伴随着表皮细胞的增生，使表皮产生白色小囊疱，当寄生在鳃上时，鳃小片黏液增多，上皮细胞增生，鳃血管充血，病鱼呼吸困难。当寄生在眼角时，引起角膜发炎，溃烂，瞎眼。当寄生在鳍条时，鱼尾鳍充血、溃烂。病鱼表征为表皮有白点、溃烂或有霉点，尾鳍充血、溃烂，鱼反应迟钝，呆浮水面，呼吸困难。

2. 防治方法　调节水的温度、盐度、含铁量均可收到很好的效果，使用鱼用小瓜净等药物均有一定疗效。

（四）笋壳鱼尾孢子虫病

1. 流行情况及症状　病鱼鳃丝糜烂，鳃上有较多的脏污黏附，同时镜检鳃丝上有很多尾孢子虫包囊和孢子虫。体表及内脏器官无其他明显异常。笋壳鱼尾孢子虫病在每年年末至翌年的5月多见，发病率较高。

2. 防治方法

（1）用生石灰彻底清池消毒。

（2）不投喂带孢子虫的鲜活小杂鱼、虾，或经熟化后再投喂。

（3）发现病鱼及死鱼及时捞出，并泼洒防治药物。

（4）对有发病史的池塘或养殖水体，每月全池泼洒敌百虫1～2次，浓度为0.2～0.3 g/m³。

四、真菌引起的病害——水霉病

1. 流行情况及症状　病原体是水霉，水霉属于真菌类藻菌纲。最常见的水霉其繁殖生长的适温为13～18 ℃，为条件性致病菌，在我国淡水水产动物的体表和卵粒上已发现的水霉有10多种。菌体呈丝状，一端像根一样附在鱼体的受伤处。分支多而纤细，可深入至损伤、坏死的皮肤和肌肉下面，称为内菌丝，具有吸收营养的功能；伸出体外的部分称为菌丝，较粗，分支较少，长可达3 cm，形成肉眼能看到的灰白色棉絮状物。病征为水霉能寄生在鱼的体表、鳃部、鱼鳍、眼睛等部位的受伤处。初期病灶不明显，数天后病灶部分长出棉絮状物，在体表或受精卵的表面迅速扩散，形成肉眼可见的白毛。春秋季水温在13～18 ℃时流行此病，不分地区均有发生，危害极大。在水霉病发生的同时，可引发细菌性疾病和小瓜虫病。病鱼反应迟钝，呆浮水面，呼吸困难。

2. 防治方法

（1）加强饲养管理，提高鱼体抗病力。尽量避免高密度暂养造成鱼类挤压碰撞掉鳞，在捕捞、运输过程中尽可能避免鱼体受伤。

（2）水温低于18 ℃时，尽量减少人为操作，防止出现应激反应，导致擦伤或冻伤。

（3）经长途运输的鱼种放养前和放养后，及时用2%～3%食盐水或消毒剂进行消毒。

（4）病鱼数量少时可局部操作，可用含碘消毒剂浸泡，如浓度为20 mg/L的聚维酮碘溶液，或浓度为2 mg/L的高锰酸钾混合1%的盐水浸泡病鱼20～30 min。

（5）用浓度为800 mg/L的食盐与碳酸氢钠合剂（1∶1）全池泼洒。

（6）内服抗菌药物（如磺胺类），防治细菌激发感染。

五、体表性疾病

1. 流行情况及症状　由于泰国笋壳鱼鳞片呈梳齿状，在捕捉时相互摩擦，造成表皮损伤不易察觉而致病，是运输、分养、转塘成活率低的主要原因。在大规格鱼种放养初期，常见症状是鱼鳞、鱼鳍损伤处红肿或霉菌感染后的棉絮状物，尾部鳞片脱落表皮溃烂。防治措施：在初次养殖过程中尽可能减少中间起捕。

2. 防治方法　分规格养殖、必要的养殖转移或采购大规格鱼种放养时，必须于水温 24 ℃以上进行，对凡是擦伤的鱼都要先用浓度为 20 mg/L 的高锰酸钾溶液浸泡 1 h 消毒伤口，然后用 0.3～0.6 mg/L 的聚维酮碘加 0.6％的盐配制消毒水，在水泥池、方形塑胶桶中暂养 2 d 以上，消毒水要现配现用，每天换消毒水 1 次，在药水浸泡时要保持充氧。表皮治疗康复后，才可转入正常养殖。

第六章

高效生态健康养殖模式

第一节　健康养殖模式

一、生态健康养殖技术要求

1. 养殖池塘要求　传统四大家鱼、常规养殖鱼类等淡水或咸淡水养殖池塘均可以养殖笋壳鱼。在养殖前期，鱼种规格小，池塘水深应保持在 1.2 m 左右，有利于培养水生浮游生物，对生长有利，随着鱼种的生长和水温的升高，逐渐增加水深至 1.8~2.5 m，增加水体空间促进鱼种的生长。一般池塘保持水深 1.8~2.5 m，面积 2 000~2 500 m² 为佳。因为池塘是水产养殖动物栖息的场所，也是病原体滋生的场所，放苗前要提前做好池塘消毒处理，杀灭病原体，外来的野杂鱼虾可能携带病菌，极易造成交叉感染，注意及时清理鱼塘。

2. 水质要求　笋壳鱼养殖要求水体的透明度保持在 25~30 cm，透明度高，笋壳鱼生长较慢，还会造成相互之间的残杀，因此透明度不必太高。养殖水温在 15~33 ℃，适宜温度在 25~30 ℃，下限温度为 10 ℃，上限温度为 37 ℃，适宜 pH 为 7~8.5，pH 过高会引起笋壳鱼体表黏液脱落而造成死亡。

3. 种苗投放要求　放苗前 10 d 进水 20~30 cm，每 667 m² 用生石灰 15~25 kg 全池泼洒，杀死塘中的杂鱼和寄生虫。一般情况下，放苗的成活率为 60%~80%。因此，放苗量一般都较大，规格为 3~5 cm，放苗量以每 667 m² 4 000~4 500 尾为宜；规格为 5~7 cm，放苗量以每 667 m² 3 500~4 000 尾为宜；规格 7 cm 以上，放苗量为每 667 m² 3 000~3 500 尾。建议采购本地繁育的鱼苗，避免长途运输引起的损失，以提高养殖成活率，降低养殖风险。

4. 投饲要求　笋壳鱼可投喂鲜活鱼、活饵料（有红虫和鲮"水花"）。笋壳鱼苗在 12 cm 之前，投喂足量、适口的活饵料有利于促进其生长，提高其养殖成活率。投放笋壳鱼苗前 1 周，先按每 667 m² 1 000 万~2 000 万尾投放鲮或麦鲮"水花"，这样笋壳鱼苗下塘后就有大量适口的饲料鱼供其摄食。

5. 病害的防治要点

（1）体表性疾病。由于笋壳鱼在捕捉时相互摩擦，造成表皮擦伤而致病，可用 20 mg/L 高锰酸钾溶液浸泡 1 h，消毒伤口，并用水产用消毒剂全池泼洒消毒。

（2）水霉病。该病常发生在苗种培育期、鱼种和亲鱼的越冬期。苗种培育期间，应小心操作，避免鱼体受损伤；在越冬期搭保温棚，最好进行加温，维持水温 17 ℃ 以上，病鱼数量少可局部操作的话，可以用含碘消毒剂浸泡，如浓度为 20 mg/L 的聚维酮碘溶液，或 2 mg/L 的高锰酸钾混合 1％ 的盐水浸泡病鱼 20～30 min；或用 800 mg/L 的食盐与碳酸氢钠合剂（1∶1）全池泼洒。

（3）寄生虫病。笋壳鱼对寄生虫不敏感，少量的寄生虫不会对其有太大影响，但如果寄生虫大量繁殖，则会引起细菌性疾病。笋壳鱼耐药物毒性能力强，常用的各类水产杀虫剂均可使用，如敌百虫每 667 m² 0.25 kg，混合一部分硫酸铜进行杀虫。

6. 其他管理要求

（1）建议不要在网箱、池塘内设 PVC 管、轮胎等。由于笋壳鱼为底栖穴居性鱼类，"鱼巢"极易引起聚集残杀，降低产量。

（2）必须防止蝌蚪、青蛙跳进池塘；否则，其会吃掉大量笋壳鱼苗。建议在池塘四周用 20 cm 高的筛网围住，防止青蛙、蝌蚪进入。

（3）捕捞操作。在养殖过程中，分塘或捕捞操作要细致，防止造成笋壳鱼损伤。

（4）笋壳鱼能呼吸空气中的氧气，耐低氧能力很强，很少发生缺氧死亡的现象，但适当开增氧机，保持溶解氧充足，对促进其生长有利。笋壳鱼对环境的突然变化会产生强烈的应激反应，甚至死亡。保持良好的水质，维持鱼塘水环境相对稳定，对促进笋壳鱼的生长、提高成活率有重要作用。

二、主要养殖模式

近年来，笋壳鱼养殖业发展较快。养殖模式可分为池塘养殖、池塘网箱养殖、水泥池养殖、混养等，国内目前仍以池塘养殖为主。

1. 池塘养殖　养殖笋壳鱼的池塘面积以 2 000 m² 左右为宜，通常不大于 5 330 m²，池塘水深 1.5 m，淤泥少，水源良好。初次养殖笋壳鱼，选择一次养成方式为宜，苗种放养密度每 667 m² 3 000～3 500 尾。放苗前要进行清塘消毒，以除去池塘内的野杂鱼。池底要布设人工鱼巢，可采用直径 11 cm、长 35 cm 的塑料管，用 2 根 2 m 长的木条将 9 个塑料管扎成排，每 667 m² 约放置 80 排。人工鱼巢距池底 20 cm，用桩架固定，并稍倾斜，以避免管内积聚泥土、鱼类。池塘内设置人工鱼巢，是有效扩大养殖面积、增加养殖密度、提高养殖产量的重要手段。当池塘水温稳定在 22 ℃ 以上、池水中容易培育基础饵料生物时，可投放鱼苗。

可保持池塘水深 1.0 m，用塑料薄膜分隔出 1/3 的水面，根据池底肥力，在 1/3 水面中施用 250～500 kg 经过发酵的粪肥或有机肥，5～7 d 后投放苗种。如果整个池塘基础饵料生物充足，青虾资源丰富，可不采用此方式肥水。放苗时，苗种袋内的水温与池塘水温相差不应超过 2 ℃。由于笋壳鱼苗种体表鳞片的特殊性，体长 3 cm 以上的苗种在运输过程中易擦伤，如果苗种在放养前消毒处理不当，会降低养殖成活率，因此选购规格为体长 2～2.5 cm、经过消毒后才进行包装、可直接放养的苗种为宜。苗种集中在池塘 1/3 水面时，进行第 1 阶段的培育，在池水基础饵料生物充足的情况下，放养 1 周体长即可达到 3 cm，1 个月后体长可达 4～5 cm。此时，可撤去分隔池塘的塑料薄膜，让苗种进入大塘进行第 2 阶段的培育。苗种集中进行第 1 阶段培育时，可在池塘另外 2/3 水面中培育活的饵料生物。活的饵料生物最好是体型小、繁殖力较强的鱼类的鱼种，放养密度每 667 m² 不少于 1 万尾。苗种进入第 2 阶段培育时，同时投放可在淡水条件下自然繁殖的青虾苗种，放养密度每 667 m² 不少于 50 万尾，或分批投放已淡化的罗氏沼虾虾苗，按照养虾标准定时、定量投喂虾饲料。笋壳鱼的苗种捕食池塘中的虾苗、鱼苗，以及小虾、小鱼，3～4 个月后可生长至体长 10～12 cm、体重 20～30 g，进而转入成鱼养殖，此期间养殖成活率一般在 80% 以上。在成鱼养殖期，每 667 m² 池塘可套养鲢 50～100 尾，有利于控制水质。

进入养殖后期，池水中天然饵料生物不足时，要适时投放冰鲜鱼肉块、配合饲料或粉状饲料，蛋白质含量不低于 38%。投喂时要设置饲料台，每 667 m² 可设 6～8 个吊篮，吊篮距离池底约 20 cm。将人工配合饲料或冰鲜鱼肉块投放在吊篮内，根据笋壳鱼的摄食情况酌情增减投喂量，剩余饵料可倒入池塘中喂养鱼、小虾。小鱼、小虾与笋壳鱼混养，构成了良好的食物链，小鱼、小虾不仅是笋壳鱼的最佳饵料生物，同时也有效地起到清理剩余饵料和保持水质稳定的作用。养殖 6～7 个月，笋壳鱼可达商品规格，投喂小杂鱼进行养殖的饵料系数达 6～8，投喂人工配合饲料进行养殖的饵料系数达 2～2.5。

2. 池塘网箱养殖 笋壳鱼进入养成期时，使用地笼箱捕获大规格鱼种，分规格转入在同池塘内设置的网箱养殖，是解决一次养成规格差异性、分批养成上市的一种养殖方式。通常进行网箱养殖的池塘面积为 0.4～0.55 hm²，水深为 1.5 m 以上，笋壳鱼放养密度 10～20 尾/m²。捕捞时造成体表损伤的鱼种，应进行浸浴消毒处理。高温季节，池塘 1 m 水深处的水温不宜超过 32 ℃，可在水面放养浮萍、水葫芦等降温，或采用流水方式、设置叶轮式增氧机等改善水质、定时增氧。网箱材料采用无结节网衣制作，规格为 30～50 g/尾的鱼种，使用网衣的网目为 1.5 cm；规格为 100 g/尾的鱼种，使用网衣的网目为 2.5 cm。网箱规格可根据条件选用 3 m×4 m、4 m×6 m，采用浮性材料使箱口高于水面 20 cm，网箱底部离池底 20 cm。根据网箱大小，可在其内部放置人工鱼巢 3～4 排。网箱四周要经常清洗，去除附着在网衣上的青苔等，以保持网箱内外的水流畅通，并及时用水泵吸出网箱底部的垃圾。每天投喂 2 次，根据鱼实际摄食情况增减饲料投喂量，养殖 6～7 个月后笋壳鱼可达到商品规格。

3. 水泥池养殖　利用具有保温条件的养鳖设施养殖笋壳鱼，不仅可使闲置的温室重新发挥作用，而且还是逐步实现笋壳鱼工厂化养殖的好方式，适宜冬、春季气温低的地区开展泰国笋壳鱼的养殖。水泥池面积不少于 30 m²，规格为 30～50 g/尾的大规格苗种放养密度为 8～15 尾/m²，掌握养殖技术以后放养密度可逐步增加至 30～50 尾/m²。水泥池中不设置人工鱼巢，放置饲料台进行投喂，每天下午投喂 1 次，翌日检查和清洗饲料台。使用微循环水或定时充气等措施增氧，定期排污以防止水质恶化。在青虾大量繁殖的池塘养殖泰国笋壳鱼，每年 9—10 月起塘后转入温室养殖，翌年鱼即可达到商品规格。

4. 混养

（1）鱼鱼混养。主养罗非鱼、河豚鱼的养殖池，投喂人工配合饲料时，通常淡水虾类较多，是笋壳鱼的优良饵料生物，可同期投放泰国笋壳鱼鱼苗，每 667 m² 50～80 尾。养殖池内放置少量人工鱼巢，起捕时可同时收获笋壳鱼，每 667 m² 20～30 kg。

（2）鱼虾混养。在养虾池中套养笋壳鱼，投资小、效益好。养虾池的淤泥要少，以养虾为主，同时进行笋壳鱼鱼苗的中间暂养。笋壳鱼有较好的耐盐性，在南美白对虾或罗氏沼虾养殖池中，虾苗放养 10～15 d 后，池水盐度为 2～5 时可直接投放笋壳鱼鱼苗，鱼苗放养密度为每 667 m² 100～200 尾，且鱼苗主要摄食个体小、生长速度慢的虾苗。虾收获时，捕到的笋壳鱼要及时进行消毒处理。由于笋壳鱼有钻泥不动的习性，干塘后还要仔细寻找。养殖 3 个月的鱼苗，通常体长达到 9～10 cm 时，就可转入池塘网箱养殖。

三、池塘主要养殖模式比较

目前 20％的养殖户选择按照桂花鱼的养殖模式养殖笋壳鱼：即以投喂活饵为主，鱼苗标粗投喂红虫、鲮鱼苗或南美白对虾苗。该模式的优点是鱼生长速度快、病害少，但是成本较高，养殖可控性较低，难以投喂内服药物进行病害防治，此模式已逐渐被淘汰。

其他 80％的养殖户选择冰鲜鱼＋鳗料模式：将绞碎的冰鲜鱼肉拌入适量鳗料黏合成团，在鱼塘四周布设多个食台进行投喂，或者直接投喂到鱼塘四周。该饲养方法的弊端有：

（1）冰鲜鱼本身带有大量病菌和寄生虫（含孢子），间接成为病原传播体，大量投喂容易导致笋壳鱼发病。

（2）冰鲜鱼本身营养不全面，缺乏矿物质、维生素及其他微量元素，长期投喂会引起笋壳鱼营养不良、肝胆受损，引发综合病症。

（3）简单搅碎和搅拌，原料粗糙，不利于笋壳鱼消化吸收。

（4）冰鲜鱼浆黏合性很差，遇水便溶解，不仅浪费材料增加养殖成本，更严重的是败坏水质引发疾病，这一后果在养殖后期尤为严重。

（5）冰鲜鱼供应受季节限制，还需要配备冷库，消耗电力，增加成本。因此，更新饲养技术、突破传统养殖方式势在必行。

第二节　池塘养殖技术

一、养殖条件

1. 养殖池塘　养殖池塘面积 3 000～4 000 m²，蓄水 1.5～2 m，池埂坚固、不渗漏；壤土底质，淤泥少，厚度在 10 cm 以下；灌排水方便，水质良好。进水口用 45～60 目纱网滤过，注水使池水深达 1.5 m，人工施肥、培水备用。

2. 光照和遮光隐蔽物　笋壳鱼喜弱光。池塘周边 1 m 处设置多个用竹子做成的浮架，种植大藻作为笋壳鱼隐蔽栖息的场所。

3. 越冬池的构建　珠江三角洲地区每年 12 月至翌年 3 月，自然水温18 ℃以下笋壳鱼停止摄食，12 ℃以下的低温累积会被冻死，需建造简易棚膜越冬池。宜选择长方形、南北走向、面积 3 000～4 000 m² 的池塘，先清淤暴晒，搭建"人"字形钢丝绳棚架，后带水清毒塘，水深保持 1.5～2.5 m。越冬池于 11 月前进鱼，12 月初覆盖农用塑膜。

二、种苗选择

从养殖成活率和生产成本考虑，建议选择本地人工孵化和培育的鱼种，最好是杂交笋壳鱼。该品种具有生长快、病害少、养成率高、售价与泰国笋壳鱼相当、便于运输等特点。

三、成鱼养殖

1. 鱼种投放　笋壳鱼的放养投苗应在天气暖和、水温 22 ℃以上进行，投苗前池塘进行常规清害消毒。一般笋壳鱼苗体长小于 3 cm 时养殖成活率较低，而在 3 cm 以上才能比较稳定地生长，因此尽可能选择大规格的鱼种，鱼苗的规格越大越好养殖。

（1）隔年养成。在每年 5—10 月投放当年生产的 3～5 cm 规格的鱼苗。为提高成活率，在池塘的一角用网布围隔出一块水面，按每 667 m² 8 000～10 000 尾投放，进行暂养标粗，15～20 d 后拆除围网进入大塘饲养。越冬后，翌年 4—5 月，当鱼种长至 8～12 cm，再分疏养成。

（2）当年养成。直接投放越冬后的大规格 8～12 cm 的鱼种，每 3 000～4 000 m² 放养 2 000～3 000 尾，利用其越冬后生长速度快的特点，当年可大部分养成收获上市。

2. 人工配合饲料的制作与投喂　笋壳鱼的人工配合饲料，以低值冰鲜海鱼为主，加工成鱼糜、鱼块，添加 5%～10% 鳗用配合饲料或面粉作黏合剂制作而成。采用饲料篮定点投喂，每 667 m² 水域设置 10～12 个投饲点。饲料篮沿池边均匀放置在水深约 60 cm 的池底，日投饲量为鱼体总重的 5%～7%，晨昏各 1 次，傍晚喂量占全天喂量的 60%。定期观察食台，根据笋壳鱼吃食的情况增减投饲量，以 1 h 内吃完为好。

3. 饲料驯化技术　笋壳鱼的饲料驯化是一个循序渐进的过程，一般要经历拒食、被迫摄食、主动摄食 3 个过程。主要流程如下：

（1）体长 4 cm 笋壳鱼苗的选育。优质无公害苗种的选择是获得高质高产高效的前提；笋壳鱼是肉食性鱼类，其食性具有专一性和习惯性，饲料驯化宜早不宜迟。当苗种体长达 4 cm 时，其摄食消化器官发育已基本完善，此时容易驯化，且成活率高。

（2）苗种放养。每 667 m² 放养约 10 000 尾。

（3）池塘上方搭建饲料台，水中架设浮性饲料框，以避免风流及鱼群的活动产生的水流引起浮性膨化颗粒饲料四处漂散而导致饲料浪费和笋壳鱼到处觅食，影响驯化过程。

（4）建立摄食信号。在每次投饵前，制造一定的条件反射的声响（用手泼水或用木棍有节奏地敲击物体），使笋壳鱼在摄食前产生摄食集群现象。

（5）定时定点投喂活饵，建立起良好群体摄食效应后，改投冰鲜鱼肉。笋壳鱼的捕食特点是静候伏击式，采取特定的投喂技术后，使之转变为伏击追击式，最后形成固定地点集群上浮抢食习惯。

（6）改投添加引诱剂的全价膨化颗粒饲料。逐渐减少引诱剂的含量，使笋壳鱼的味觉和视觉逐步适应全价浮性膨化饲料。

（7）一般 7～10 d 驯食成功，笋壳鱼形成上浮抢食全价浮性膨化颗粒饲料的习惯。全程投喂全价浮性膨化颗粒饲料，把握"慢—快—慢"的节奏和"少—多—少"的投喂量，提高投喂效果。做到"四定"：

① 定质。一旦驯化成功，就不要再加入小鱼投喂；否则，容易造成一部分摄食全价浮性膨化颗粒饲料，另一部分摄食小鱼，从而导致驯化失败。同时，也不利于鱼体生长，蚕食现象严重。

② 定量。日投喂量为鱼体重的 2%～5%，以 1 h 内吃完为宜。要视天气、水温、水质、鱼的摄食和活动情况灵活掌握及调整，适应其生物节律。

③ 定时。5:00—6:00 的投喂量占全天投喂量的 1/3，18:00—19:00 的投喂量占全天投喂量的 2/3，早、晚笋壳鱼的摄食特别旺盛，中午光线太强或温度太高时，摄食强度反而降低。

④ 定点。分散多点，因为笋壳鱼有很强的地域性，只有当饲料在它附近时才短距离极速地向前上方捕食。

（8）每隔一段时间及时分级分塘。及时拉网筛选放养，使规格一致的同池养殖，既能防止互相残杀提高成活率，又能使不同规格笋壳鱼吃食均匀，提高饲料转化率。

4. 越冬管理 进入越冬池后，由于水温降低，笋壳鱼处于相对静止状态，食饵少，应适当减少投饲量，以避免水质变差和饲料浪费。

5. 水质管理 池塘清害消毒后 3～4 d，一次性施放以野生菊科植物为主要成分的绿肥 1.5 kg/m²，或以熟化鸡粪为主的有机粪肥 0.25 kg/m²。当浮游动物枝角类等达繁殖高峰期、水色呈油绿或淡茶褐色、pH 6.5～7.5 时，开始投放种苗。之后，一边投饲，一边保持水质偏肥，水色为褐绿色为好，pH 在 7～8.5。成鱼养殖水深可达 1.5 m 以上，每月每 667 m² 用 10 kg 生石灰全塘泼洒，在夏季视水质状况，可间隔使用含氯制剂全塘泼洒消毒。每 667 m² 水面可套养 30～50 尾鳙或其他滤水性鱼类。

四、病害防治

笋壳鱼常见的病害有寄生虫引致的侵袭性疾病和真菌、致病性细菌等引致的传染性疾病，危及稚幼鱼和幼成鱼。目前，已发现的有车轮虫病、斜管虫病、小瓜子虫病、锚头蚤病、水霉病、气单胞菌点状亚种引致的肌肉溃疡症、嗜水气单胞菌、副溶血弧菌等引致的失血性败血症等。因为笋壳鱼具有钻泥习性，所以病鱼较难被发现。因而，饲养过程中需定期进行食台采样、镜检，必要时需做病原菌的分离、鉴定和药敏试验，对症下药，谨防疾病发生。

五、捕获及运输方法

400 g/尾以上的笋壳鱼为商品规格。可捕大留小选择上市，未达规格的集中继续养殖。利用笋壳鱼钻泥的习性，使用地笼网捕捉，一般起捕率可达 80% 以上。笋壳鱼离水后，注意保持湿润、阴凉，一般可存活数十小时。活鱼可在无水条件下长途运输，用 18.5 cm×80 cm 的双层塑料袋不带水、充足氧气可装 400～500 g/尾的商品鱼 4 尾，每箱 6～9 袋叠放在泡沫箱中，经 20 多 h

运输仍然存活完好。

第三节　网箱养殖技术

近年来，大多数养殖户在池塘中养殖笋壳鱼，用网箱养殖的比较少。因为笋壳鱼活动范围小，所以很适合在池塘或水库等小水体的环境中养殖。

一、网箱养殖的优点

1. 易管养　用网箱养殖，很容易观察检查鱼情，鱼每天的活动一目了然。在养殖过程中，需要多次按大小分级养殖时，分鱼操作也简便。

2. 用网箱养殖澳洲笋壳鱼，长势好、鱼规格一致、生长速度快　由于网箱面积小，鱼比较集中，投喂饵料时全部鱼都能到齐抢食。由于鱼集中抢食，所以吃得特别饱，其生长速度也快。

3. 水体利用率高　有许多养殖户用池塘养殖的同时，还想混养一些其他品种，由于澳洲笋壳鱼性情温驯，不爱到处游动，一旦混入其他鱼同养就会影响其摄食和长速，如在池塘塔桥两边挂网箱养殖澳洲笋壳鱼，池塘中就可以放养一些合适的品种，这样池塘可收获高的双重效益。

4. 放养密度大　入网箱养殖的鱼苗最好长 8 cm 以上，一般每平方米水面可以放养 100 尾左右，直至养到 500 g 左右的上市规格都可以保持此密度，但水质一定要保持清爽。

二、网箱养殖的条件

1. 网箱养殖环境要求　用网箱养殖，要求池塘大一些，水深一些。在水库挂网箱养殖更好，因为水质比较稳定。

2. 网箱规格　一般长 4 m、宽 3 m，网箱入水深 2 m 左右。网眼规格要视入网箱养殖的鱼的规格大小而定。网线和网织的质量要好一些、光滑一些，以无节网布为好。

3. 挂网要求　网箱底距池塘底约 30 cm，保证网底不积污。网箱 4 个角最好做成圆角。网箱入苗前要提前放养一些水浮莲，水浮莲覆盖面积为网箱面积的 3/5 左右，留出 2/5 的空间方便投饵料，但在投饵料处的水下最好吊一个网目较小的网兜，待喂完料 1 h 后，起兜检查是否有剩料，以免剩料沉入网箱底，造成浪费和污染。

4. 投喂饲料要求　主要用冰鲜鱼或鳗料等软性饵料，鱼长到大规格时，可以将冰鲜鱼切块投喂。投喂方法是人工续箱投料，待鱼抢食完再投的连续投喂方法，投喂要定时，喂饵量以鱼吃饱为准。

三、网箱养殖注意事项

1. 要注意网箱保持完好 以免造成走鱼，特别是养过青蟹和养过甲鱼的塘，更要防止甲鱼和青蟹把网箱爬烂。一旦发现，可以将鱼丝粘网放在距网箱2 m 外的四周。这样一旦有甲鱼或青蟹想进入网箱，鱼丝粘网就可以把它们抓住。

2. 要注意定时清洗网箱 网箱在水中久了会长青苔，从而导致水流疏通不好，这个可以经常用高锰酸钾水溶液在网箱范围内泼洒 20 min，这样既能清除网箱青苔，也能起到消毒作用。

3. 要注意经常分级 在养殖过程中，因各种原因鱼生长快慢不一，有大有小。为了避免大小之间的影响，根据鱼情要及时分开。在分级清网时要检查网箱是否有破洞。一旦发现破洞，要及时补好或更换网箱。在冬季，挂网箱养殖不要忘记鱼对水温的要求。

第四节 水泥池（工厂化）养殖技术

一、苗种放养

1. 苗种放养前准备 放养水泥池经彻底清洁，并用 5～10 mg/L 高锰酸钾水溶液浸洗，进水，培水；苗种运输回场后用 2％的食盐水溶液或 10 mg/L 的高锰酸钾水溶液浸泡 30 min，然后放入容器中用清水暂养，当晚或翌日早晨放入池中进行养成。

2. 放养 一般养殖池面积在 20～50 m²、水深在 1.2～1.5 m 较好，放养密度以 5～8 尾/m² 较为适宜。

二、饲养管理

1. 饵料 根据地区差异性，珠江三角洲地区可以提供充足的适口饵料鱼，以土鲮或麦鲮为好；其他地区可以投喂冰鲜鱼，冰鲜鱼以去掉内脏的鱼块较好，投喂前用绞肉机将鱼块绞碎，再用 2～3 mg/L 的聚维酮碘水溶液浸泡7 min 后放入食台。部分养殖场已经对笋壳鱼进行饲料饲养的驯化，一般是用鱼肉浆加入 10％～30％的鳗料搅拌而成。

2. 投喂 投喂冰鲜鱼或人工饲料以 1 h 内吃完为宜，不易造成水质污染和饵料浪费。

3. 水质调控 笋壳鱼是一种耐高温、耐低氧的暖水性品种，但水质良好、溶解氧充足才有利于健康养殖。如果水质恶化后长时间不进行处理，必然导致病原体大量繁殖，最终引起疫病暴发。高温季节最好能拉遮阳网，将水温控制在 30 ℃以内，如果水温长期保持在 30 ℃以上对笋壳鱼的生长是不利的。

（1）当水质变黑甚至发臭，早上池水产生很多气泡，水面漂浮一层油污状水垢，见到这种情况要及时换注新鲜水，同时用溴氯海因或三氯异氰脲酸（强氯精）消毒。

（2）由于铜绿微囊藻大量繁殖形成水华，在池中分泌大量藻毒素，鱼类摄食这种藻类后不消化、易发生肠胃炎。藻毒素还会对笋壳鱼的肝和神经系统产生麻痹作用，破坏鱼体的正常代谢，导致中毒死亡。发现蓝藻生长迹象要尽早用 $1\,g/m^3$ 的硫酸铜加 $0.4\,g/m^3$ 的硫酸亚铁进行泼洒。

（3）水体清澈见底，池底长许多青苔。这种池水怕遇到持续的阴雨天，池底的青苔得不到充足的光照容易大量死亡，池水也随着恶化并诱发其他病害。这类情况要尽量捞出青泥苔并换入肥水，加入适量的肥料培育浮游藻类。

（4）晴天午后水面出现大量气泡或漂浮一层薄薄的绿皮。这种情况是藻类老化造成的，一般情况下只需要换掉部分水就可以，最好能再用 $5\,mL/m^3$ 的光合细菌全池泼洒。

4. 病害防治 由于投喂生鲜饵料且高密度养殖，水环境易被破坏，因此要经常换注新鲜水，保持水质清新。

（1）烂鳃病。

症状：肉眼可见病鱼鳃丝出现小块状发白或粘上水垢呈土黄色、腐烂。病灶在显微镜下没有发现虫体。

防治方法：用 $1.0\,g/m^3$ 的氯制剂或 $0.75\,g/m^3$ 的有机碘全池药浴，视病情轻重连用 $2\sim3\,d$。

（2）肠胃炎。

症状：解剖病鱼可见胃肠内无食物，肠道内有大量黄色黏稠物，肛门红肿，严重的可见肠胃充血、出血。

防治方法：用 $1\,g/m^3$ 的聚维酮碘溶液（菌毒清）全池药浴，连用 $2\sim3\,d$；同时内服诺氟沙星粉或大蒜素、维生素 C，连喂 $3\sim5\,d$。

（3）白鳃白肝综合征。

症状：鳃丝末端糜烂，鳃丝浮肿粘有污泥，肝白色或土黄色、易碎，有腹水。

防治方法：用 $1\,g/m^3$ 聚维酮碘（消毒净）水液浸浴，连续 $2\sim3\,d$；同时内服氟苯尼考粉、三黄粉、维生素 C，连用 $3\sim5\,d$。

（4）水霉病。

症状：主要发生在冬季和早春水温较低时，鱼体受伤后感染霉菌引起。病鱼在水中游动缓慢，被感染处有棉絮状菌丝，在低温季节捕捉苗种容易发病。

防治方法：此病应以预防为主，捕捉苗种及运输放养过程中注意用 2%～

3‰的食盐水溶液或用 10 mg/L 的高锰酸钾水溶液浸泡后再放养。

（5）锚头蚤病。

症状：常寄生在病鱼的胸鳍基部或体表，虫体口器扎入鱼体肌肉内，寄生后伤口出现红肿、化脓，容易导致继发性溃疡或出血而死亡。

防治方法：用 0.3 g/m³ 硫酸铜溶液药浴，杀虫后第 3 天用 0.75 mL/m³ 三氯异氰脲酸（消毒净）水溶液消毒，以防细菌感染。

第七章

养殖质量安全管理与控制

第一节 养殖全程分析

食品安全不仅关系消费者的身体健康和生命安全，而且还直接或间接影响食品、农产品行业的发展。随着生活水平的提高，人们对水产品质量安全的要求也越来越高，国家也越来越重视食品安全，采取各种措施保障食品安全，包括出台相关法律法规、加大抽检力度、加强执法力度等，因此笋壳鱼健康养殖过程中，必须注重质量安全控制，以减少质量安全风险。

HACCP 体系被认为是控制食品安全的最好最有效的管理体系，采用危害分析与关键控制点方法来识别、评价和控制食品安全危害。在水产养殖过程中，针对养殖水产品的生产方式和共同特点，对养殖场选址、养殖投入品（如苗种、化学品、饲料、渔药）管理、设施设备要求、鱼病防治、养殖用水管理、捕获与运输、员工培训、养殖生产记录、产品追溯以及体系运转等方面提出了要求。

一、HACCP 体系原理

HACCP 体系是 Hazard Analysis Critical Control Point 的英文缩写，表示危害分析的关键控制点。HACCP 体系是国际上共同认可和接受的食品安全保证体系，通过危害识别、评价和控制等手段，对食品中微生物、化学和物理危害进行安全控制，确保食品在加工、制造、准备和食用等过程中的安全。HACCP 体系通过对加工过程的每一步进行监视和控制，从而降低危害发生的概率，是一种科学、合理、系统的方法。

HACCP 体系包含 7 个原理：

1. 危害分析与预防措施 笋壳鱼食用安全风险，生物性危害主要是携带可以使人致病的病毒、细菌和寄生虫。化学性危害主要包括药物残留（农药、渔药等）、有害激素化合物和重金属残留。预防措施是防止种苗和养殖环境存在有害微生物和寄生虫，防止养殖过程投入品带入有害物质。

2. 确定关键控制点　纵观笋壳鱼养殖过程，对产品质量产生危害或造成影响的有 7 个方面：大气质量、水源水质、土壤底质、种苗、肥料、饲料、药物。阻止这 7 个方面产生或带入有害有毒物质即可控制笋壳鱼产品质量安全。应把这 7 个方面确定为 7 个关键控制点（图 7-1）。

→大气质量

→水源水质

→土壤底质

→种苗，控制有害生物和有害化学物质

→肥料，控制有害化学物质

→饲料，控制有害化学物质

→药物，不使用禁用药物和合理使用非禁用药物

图 7-1　水产养殖全程管理 7 个关键控制点

3. 确定关键限值　确定控制笋壳鱼产品质量安全 7 个关键点后，确定关键的控制限值应以我国无公害食品的标准作为主要准则。因为无公害食品标准是市场准入的起码标准，可以在产业化的大生产中广泛应用。养殖水源应符合《渔业水质标准》（GB 11607）的规定，养殖池塘水质应符合《无公害食品　淡水养殖用水水质》（NY 5054）。养殖肥料应符合《绿色食品　肥料使用准则》（NY/T 394）；养殖饲料应符合《无公害食品　配合饲料安全限量》（NY 5072）；养殖用药应符合《无公害食品　渔用药物使用准则》（NY 5071）；大气质量应符合《环境空气质量标准》（GB 3095）。底质应符合《土壤环境质量标准》（GB 15618）。种苗有关质量安全的标准尚缺，但必须产地环境、水质以及亲鱼和种苗养殖过程的投入品符合上述标准。种苗下塘前不带有害生物和有毒有害化学物质。同时，对养殖周边的环境卫生加以控制。停止使用传统的人畜粪直接下塘的方式，控制有害微生物和寄生虫的直接传播。

4. 对关键点实施监控　生产种苗、饲料、药物的企业必须经过有关检测部门检测并确认质量符合有关的标准。笋壳鱼养殖单位购买苗种时，必须从有生产许可证及《动物检疫合格证明》（种苗）的单位购入，同时监控养殖环境的大气、水质、土壤质量。渔业行政主管部门应委托渔业环境检测和渔业质量安全检验部门，抽查养殖环境质量和市场的养殖投入品，如饲料、肥料、药物的质量。

5. 纠正措施　对各个关键点制订有效的纠正措施。发现关键点失控时，

必须及时找出失控原因。对产品质量安全造成的影响及时评估并消除影响。如某段时间使用了变质的或不符合标准的饲料，必须及时追查饲料来源，停止使用，改换符合标准的饲料，对此期间养殖的笋壳鱼及时进行质量安全评估，并采取有效措施消除不良影响。

6. 记录程序　在养殖过程的各个环节，对 7 个关键控制点的监控结果进行详细记录，如投药记录、施肥记录、饲料使用记录、药物使用记录。水质、大气、土质的检测结果及报告等资料登记造册，形成系统、规范的资料，为风险分析准备好原始档案。

7. 验证程序　检验最终产品质量，一是验证产品是否合格，是否达到有关标准，能否准入市场。二是通过检验产品验证监控程序是否有效。当产品质量不达标时，要根据原始记录进行追溯，找出原因，修正控制体系。由渔业行政主管部门委托渔业质量安全检验部门对产品质量进行抽检，确定质量是否达标、是否准入市场，验证确定 HACCP 体系的合理性和有效性。

二、运用 HACCP 体系

HACCP 体系不仅应用于水产加工品的安全管理，而且也应用于水产养殖领域。在笋壳鱼标准化养殖中，运用 HACCP 原理，通过预防与控制措施，是确保笋壳鱼产品质量安全达到标准的最有效的方法。因此，规模化笋壳鱼养殖场应当设立 HACCP 体系建设项目办公室，在笋壳鱼标准化养殖的质量控制中建立产品质量控制的有效方式和制订相应的制度。

1. 制定地方标准　笋壳鱼标准化养殖使用的标准准则除国家标准和行业标准外，某个地方必须根据其养殖环境和投入品的资源实际情况制定地方标准。企业在实施过程中应制订符合自身的实际操作规范。无论是地方标准还是企业标准都要符合市场准入标准，最起码符合无公害食品标准。地方标准和企业标准只是国家标准和行业标准的细化。配套使用更利于标准化养殖的实施。

2. 加强技术培训　要改变农户的传统养殖方式，实行标准化生产，不但养殖场地要整治，投入品质量管理配套措施要跟上，而且要积极推广标准化养殖技术，加强标准化养殖技术培训，把标准化的各项指标转化为易被农户接受的操作规程。在这方面必须加大培训和推广经费的投入。

3. 建立养殖档案　运用 HACCP 体系实施标准化养殖，是控制产品质量安全达到标准的最有效的方法。目前，笋壳鱼养殖是千家万户的小规模、低水平的养殖方式，很难满足 HACCP 体系对养殖企业管理的各种软硬件的要求，实施 HACCP 体系的难度很大。要建立完整的检测服务体系，加强养殖过程几个关键控制点的监控。先从养殖户建立养殖记录档案、实施记录程序抓起，逐步全面实施 HACCP 7 个关键控制点。

三、考察生产流程

通过了解笋壳鱼养殖生产过程，绘制出笋壳鱼养殖生产流程图（图7-2）。

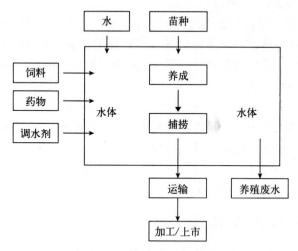

图7-2　笋壳鱼养殖生产流程

　　通过分析笋壳鱼生产流程图并结合所掌握的笋壳鱼生产技术规范，确定应加以控制的食品安全危害，以生产出符合食品安全的笋壳鱼。笋壳鱼养殖HACCP计划的制定和实施，即是养殖场运用HACCP的7个关键控制点和养殖场应遵守的养殖生产规范，从"水体到餐桌"全过程质量控制的过程。在笋壳鱼养殖生产过程中有关的食品安全潜在危害，多源于养殖生产中由病原菌引起的生物性危害，养殖过程中的化学残留物引起的化学性危害。

　　1. 生物性危害　养殖水体中的病原菌都可引发笋壳鱼本身及笋壳鱼产品的生物性危害。笋壳鱼的养殖过程中，其食物链网由自然链和人工链组成。从自然链部分看养殖水源的管理或生产过程水质管理，如忽视卫生管理，尤其是养殖水体被畜禽排泄物污染，可能将多种侵害人类的病原菌、病毒、大肠杆菌、霍乱弧菌、沙门氏菌等致病菌和寄生虫引入笋壳鱼养殖场和养殖水体。这些致病菌和寄生虫尽管对鱼本身无害，但带有这些致病菌和寄生虫的鱼被人类不当处理消费后，会引起食源性疾病。

　　养殖笋壳鱼的池塘水体相对静止，当雨水流入时，将地面上的微生物带入，由于重力作用，大多数微生物常黏附于颗粒物质而沉淀于水底。在水中的细菌群落通过光合作用与浮游植物、浮游动物密切关联而形成生态系统中的初级生产者。微生物通过降解、转化有机物，使水体环境物质循环通畅，消减有机物及有害因子的积累，达到净化养殖水体环境的作用。在笋壳鱼的养殖池塘水环境中，微生态系统内各种菌群处于一种平衡状态，使笋壳鱼的生长也处于健康状态。微生态系统一旦被破坏，如水质恶化、投喂变质的饲料、药物使用不合理、放养密度不合理等原因打破平衡状态，会影响笋壳鱼的健康生长。如果在养殖生产中过度使用抗菌药物，有可能引发或造成笋壳鱼赖以生存的水体微生态系统的混乱或崩溃，不利于笋壳鱼的生长发育。使用微生态制剂调节养殖水质，控制笋壳鱼病害的发生，是遵守良好养殖生产规范的有效方法。

笋壳鱼是鲜活产品，经加工厂深加工后可控制这些生物性危害，或者充分煮熟后食用即可避免生物性危害。

2. 化学性危害　养殖笋壳鱼体内可能会有超过规定限量的化学制剂残留。这是因为忽视对养殖水源的控制，或水源被污水、有毒物质、放射性沉降酸雨等污染后用于养鱼，使得许多合成的、难以生物代谢的有毒化学成分在食物链中富集，构成人类食物中重要的危害因子。在国家卫生标准中要求评估的重金属有砷、铜、铅、汞和硒等。

在鱼类养殖生产中忽视渔药使用管理，滥用渔药、抗生素、生长刺激素等化学制剂或生物制品，有害化学成分混入饲料，可能导致有害化学杂质进入鱼体。鱼体化学制剂的微量残留在消费者体内长期超量积累将产生不良作用。

综上所述，笋壳鱼养殖生产过程是食物链和加工链的过程，在不同环节可能引发危害和饮食风险，掌握其发生发展的规律，是有效控制笋壳鱼养殖过程中食品安全问题的基础。

四、分析特定危害

1. 水源和水处理　养殖笋壳鱼的水源，主要来源于江河水和水库水。水源中潜在的化学性危害，包括重金属污染、农药残留；生物性危害，包括沙门氏菌、志贺氏菌、大肠杆菌、霍乱弧菌、原虫、病毒等，通过污水排放而随水源进入养殖水系。由于池塘自身生态系统的自净作用和笋壳鱼生长周期长的特点，自然存在于水中的微生物因为是水中固有的，可在水中长期生存，外部带入的微生物一般不能在水中长期生存，在水生生态系统的颉颃、竞争作用下，病原菌群落数量可减少或处于受抑制的低水平。

在水源和水处理的过程中，要防止化学性危害的发生，选择场址时，要符合《农产品安全质量　无公害水产品产地环境要求》（GB/T 18407.4—2001）的要求，对水源、土壤等按无公害产地的要求进行全项目检测，符合《无公害食品　淡水养殖用水水质标准》（NY 5051—2001）。用水时，先将水抽到净化沉淀塘，经沉淀后再分配到各池塘。预防水源中化学性危害的发生，可采用关闭水源抽水机设备停止取水和日常监控水质的方法。

2. 肥料投入　在苗种培育阶段，使用肥料培育浮游植物，进而增加浮游生物，从而为幼苗提供开口饵料。使用肥料一般推荐化肥，不使用有机肥，并且在全场范围内禁止饲养禽畜。所以，在此生产环节增加和引入生物性危害的机会一般没有。

同样，使用氨氮类化肥，可被微生物、浮游植物同化利用，一般来说不会增加和引入化学性危害。

3. 饲料的验收、储存和投喂 养殖笋壳鱼使用的饲料，是颗粒状配合饲料，按鱼的生长发育阶段营养所需不同分为多个规格。养殖场根据鱼的生长情况，与饲料厂签订供货合同，以满足 $3\sim8$ d 的使用量购入，接收饲料经验收后储存于仓库内。因饲料加工过程中需经 100 ℃ 熟化，所以生物性危害可以控制，不会发生。

但饲料中可能有化学性危害。产生的原因：一是饲料加工和运输过程中可能受到兽药的污染；二是加工过程中违规加入未经国家批准的兽药和饲料添加剂；三是生产饲料中掺杂造成重金属污染。这些饲料被笋壳鱼利用后可造成笋壳鱼体内兽药、重金属等化学残留物超过国家制定的监控标准。所以，应将饲料验收环节设为 CCP，并制订相关的预防措施。采用每年一次评估合格饲料供应商的方法，选择合格的饲料生产厂家，要求饲料厂家是经国家注册和评定的合法的饲料生产厂。而且，饲料厂家在交货时提供的饲料合格证明符合《饲料卫生标准》（GB 13078—2001）和符合《饲料标签》（GB 10648—1999）的要求。

4. 渔药验收、储存和配制及施药 笋壳鱼是高密度养殖，如果生产管理措施滞后，鱼病的发生和使用渔药难以避免。鱼病诊断、用药不准确，药物配伍不当，剂量出现偏差，给药途径不规范，不针对性用药，不严格执行休药期等，都可导致笋壳鱼体内药物残留超标准，存在对人类健康的潜在危害。因此，要将渔药验收、配制使用和执行休药期管理设为 CCP。对这一危害和 CCP 的监控，依照农业农村部《兽药管理条例》《食用动物禁用的兽药及其化合物清单》等有关规定执行。对渔药验收、配制使用、执行休药期的 3 个 CCP 和同一种类型的危害，采用组合式的监控措施。

1. 渔药验收时审核"三证" "三证"齐全（兽药产品质量合格证、产品标签或说明书、兽药经营许可证）是关键控制值之一。

2. 用药处方制度化 要求书写渔药处方技术员必须获得资格证书后才能上岗，其职责要求对养殖生产过程中的笋壳鱼病害进行正确分析、诊断，制订病害防治方案，并开具处方（包括非处方药和处方药），执行《渔药处方规程》，处方签是关键控制值之一。

3. 加强巡池管理 生产技术员在生产中经常巡塘，了解笋壳鱼生长情况，及时发现问题，及时预防病害的出现，核对使用药物后的休药期。生产日志中休药期的记录为关键控制值之一。

第二节　加强质量管理

为了有效监控养殖场产品卫生质量，防止苗种、饲料、鱼病防治、养殖生产及捕捞、包装运输过程等环节中可能带来的生物的、化学的、物理的危害，确保产品质量符合食品卫生要求，需要依据国家有关规定，如《水产养殖质量安全管理规定》《食品卫生通则》等，编写养殖管理手册，以确定养殖场产品质量的控制要求，保证养殖场产品质量和安全。

一、制订管理制度

为加强水产养殖基地的规范化管理，促进基地健康和可持续发展，根据无公害水产品产地管理办法和有关出境加工用水产养殖场备案管理细则的有关要求，结合笋壳鱼养殖基地的实际，建设笋壳鱼养殖标准化示范区，制订管理制度。

（一）养殖基地管理制度

按照农业农村部"无公害食品行动计划"，建立高标准笋壳鱼养殖出口生产基地，以生产无公害笋壳鱼产品为目标，制订以下管理制度：

（1）基地养殖户必须持有养殖证，凭证生产。

（2）外来人员、车辆出入基地必须经许可并实施登记查验。

（3）养殖用水必须符合《渔业水质标准》，并定期进行监测。

（4）养殖中投放的种苗、饲料，必须实行统一管理。并实施相应检测监控。未经检验检疫机构登记备案的饲料禁止使用。

（5）实施病害会诊和集中控制用药制度。

（6）每口池塘必须建立塘头养殖日志，有完整的管理档案资料。

（7）定期进行技术培训和经验交流，不断提高养殖技术和生产水平，保证产品质量。

（8）对产品实施品质监督管理警示制度。对产品上市前抽样未达标的养殖池塘，对养殖户实行黄牌警示，暂停其产品上市，经整改检测合格后方可恢复上市。

（二）基地环境卫生规定

（1）禁止在基地范围内圈养猪、鸡、鸭等畜禽。

（2）基地范围不准搭建厕所，不准将生活污水直接排放入池塘。

（3）塘基须保持整洁，不能堆置任何垃圾；工棚必须保持干净卫生，工具什物摆放整齐，饲料堆放规整。

（4）病死鱼虾必须及时掩埋，不准扔置裸露在塘基和斗河。

（5）塘基不准种植果树。

（6）斗河不准任何人装置大虾笼。

（7）塘基及斗河的环境卫生实行塘主门前三包责任制。

（三）饲料与渔药使用规定

1. 选用经检验检疫机构登记备案的饲料　如使用未登记备案的饲料，喂养的笋壳鱼加工厂不予收购；如加工厂擅自收购用未经登记备案饲料喂养的笋壳鱼，基地公司将不给该企业开具全年的笋壳鱼供货证明书。

2. 实施鱼使用处方制度和集中控制用药制度　处方由有资质的养殖技术人员开出，农户只可以到基地管理机构或其他指定的渔药店购药。农户如果擅自用药，为违规行为，加工厂将不收购该塘笋壳鱼。

（四）基地养殖日志规定

（1）对基地池塘实行分区管理。

（2）每口塘必须建立塘头养殖日记，有健全的渔药使用记录和日常管理记录。

（3）养殖日记由农户如实填写；基地管理办公室对农户的养殖日记进行日常指导、监督、审阅和上市后的保存，加工厂不予收购无日常管理档案资料的笋壳鱼。

二、建立管理机构

质量管理的方针，是通过全体员工上下努力、全养殖生产过程的监控，生产出优质安全的产品供应市场。要求目标达到：顾客满意度≥95％，出场产品质量合格率100％。所以，养殖场的组织机构要求做到：设置合理、职责分明、分工合作。一般养殖场的组织机构见图7-3。

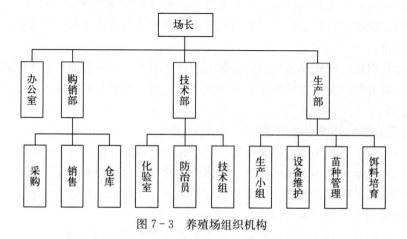

图7-3　养殖场组织机构

各岗位职责是：

（一）场长

（1）负责养殖场的全面管理，对养殖场的工作质量和产品卫生质量负全部责任。

（2）制订食品安全方针和目标，明确对食品安全质量的承诺。

（3）确定组织机构及职责。

（4）批准食品安全管理手册并确保其宣传贯彻执行。

（5）配备相应资源以保证食品安全管理工作的正常开展。

（6）食品安全管理，改进措施的监督指导并组织实施管理评审。

（二）生产部

（1）负责养殖场的生产运作。

（2）负责生产计划的制订和落实。

（3）按技术文件要求组织生产，保证生产产品的质量。

（4）按体系文件的要求在生产过程中实施管理。

（5）负责设备设施管理和保养、维修。

（6）负责制订养殖生产人员培训计划并组织实施。

（7）负责本部门文件、资料的管理控制。

（8）协调相关部门解决问题。

（三）技术部

（1）负责产品的研发和试制。

（2）体系文件管理。

（3）负责苗种，原材料，生产过程前、中、后养殖场产品的检验标准及规程的制订，并监督指导执行。

（4）协调各部门，做好质量控制，与各部门分工合作，预防发生缺陷和不合格产品，负责对不合格产品查处及原因分析，制订措施并提出方案。

（5）负责对供应商的产品质量进行评审。

（6）负责提出纠正和预防措施，并对其实施过程和效果进行跟踪和验证。

（7）组织内部质量管理日常检查工作。

（8）监督检查养殖产品生产全过程的卫生质量状况，保证生产合格产品。

（9）负责体系运行中各种标识的检查监督。

（10）负责检验仪器的校正管理。

（11）负责相关质量记录、检验记录的审核。

（四）购销部

（1）供应商的调查、评审、建档。

（2）根据生产计划制订采购计划。

（3）负责采购文件的管理。

（4）实施采购，确保采购物资的质量。

（5）负责仓库的管理、货物进出的管理。

（6）负责向养殖场反馈产品质量和客户意见，并建立用户档案；处理顾客投诉。

（7）负责对运输车辆的正常保养、清洁消毒。

（五）办公室

（1）负责养殖场环境卫生管理，制订绿化、净化、美化环境的规划。

（2）负责养殖场信息管理。

（3）负责处理养殖场与地方的行政等非经济活动的处理和协调工作。

（4）负责建立员工人事、劳保等档案，并处理相关的事务。

（5）负责建立员工的健康档案，每年至少组织员工进行健康检查1次，必要时进行临时健康检查，组织进场新员工进行进场的体检。

（6）负责制订养殖场卫生检查及灭虫、鼠操作程序和工作检查。

（六）水生生物病害防治员

按照水产养殖安全用药的有关规定、标准用药，对生产过程中的用药进行具体指导。

三、质管人员要求

要求养殖场的生产、技术、质量检查和管理人员，遵循 GAP 要求和 ATOP规程，形成一种良好的工作习惯，保护良好的养殖环境和周围的卫生，避免对产品造成人为污染。

（一）职责要求

（1）在总经理的指挥下，场长会同办公室负责制订培训考核计划，组织员工体检。

（2）技术部负责对员工进行水产养殖技术操作规程、渔药使用知识和卫生质量知识的培训与教育，并会同各部门负责人，对 ATOP 规程、卫生质量制度的执行情况进行监督检查。

（3）生产、质量管理人员的健康档案、培训记录和考核记录由办公室统一存档备查。

（4）各种养殖生产记录、渔药使用记录和卫生质量检查记录由技术部存档，保存2年以上。

（二）技能要求

（1）水产养殖专业技术人员按国家有关就业准入要求，经过职业技能培训并获得职业资格证书后，方能上岗。

（2）水生生物病害防治员经过职业技能培训并获得职业资格证书后，方能具备处方权。

（3）养殖生产工人和质量管理人员必须经过必要的技术培训，经考核合格后方可上岗，由办公室填写培训记录。

（4）生产、质量管理人员必须保持个人清洁卫生，身体健康，若有员工患有影响养殖生产和食品卫生的疾病，该员工必须调离生产岗位。

四、保障有效运行

对养殖场的质量管理体系，不但要加强管理，而且要保证有效运行。

（一）明确职责

（1）组成以场长为组长，技术部为主，各相关部门参加的质量审核小组，负责质量体系的内部审核和评审，按《内审管理程序》与《管理评审程序》要求进行审核。

（2）对影响食品质量安全卫生的关键点或工序，严格按规定要求进行监控，做好相关记录，技术部结合质量管理体系审核要求定期对体系进行审核和验证。

（3）技术部和生产部负责生产过程中各类生产控制和检测记录的填写，保存。

（4）生产部对审核中发现的问题负责纠偏改正，技术部负责纠正情况的验证工作。

（5）技术部主持，生产部配合完成对生产职工的培训工作，保证上岗人员能熟悉本职工作，确保生产技术操作和卫生质量的控制要求落实到位。

（二）工作要求

（1）技术部和生产部负责并组织相关部门执行饲料、成品及生产过程的质量控制，并做好相关记录。

（2）技术部建立并组织相关部门执行养殖技术操作程序并做好水质、水生生物检测与检查记录，确保养殖场用水、养殖苗种和养殖产品、渔药和有害物质、虫害防治等处于受控状态。

（3）生产部设备的管理人员制订并落实设备的维护程序，保证养殖生产设备使用满足要求。

（4）生产部负责对生产过程卫生质量控制记录的收集、编目、归档、保管等工作，其他部门负责各自工作范围内质量记录的使用和保管。

（5）技术部编制不合格品的控制程序，负责不合格品的评审，决定处理方式，并负责对出场产品召回处理和质量方面的追查。

（6）生产部负责制作生产过程中所使用的各类标识。

第三节 做好日常管理

一、每天巡池观察

巡塘是最基本的日常管理工作，要求每天早、午、晚巡塘3次。

1. 清晨巡塘 主要观察塘鱼的活动情况和有无浮头，在黎明前有轻微浮头，日出后光合作用加强，水中溶解氧量增加，浮头现象很快消失，这是正常现象。

2. 午间巡塘 可结合投饲料、测水温等工作，检查塘鱼的活动和吃食情况。

3. 黄昏巡塘 主要检查塘鱼全天吃食情况，有无残剩饲料，有无浮头预兆。酷暑季节，天气突变时，鱼类易发生严重浮头，还应在半夜前后巡塘，以及时采取有效措施，防止泛池。

二、做好生产记录

为了进一步规范水产养殖行为，确保水产品质量安全，促进水产养殖业健康发展，依据《农产品质量安全法》有关规定，水产养殖企业要实行水产养殖生产记录制度。该制度作为生产原始记录，不得随意涂改、销毁，所有生产记录必须完整保存2年以上，以备查阅。

1. 记录目的 控制与养殖场质量管理体系有关的所有质量记录，保持其完整性，以证明质量体系有效运行和生产的产品达到要求，并作为质量体系改进的依据。适用于与质量体系有关的所有质量记录。对未建立或者未按规定保存水产养殖生产记录的，或者伪造养殖生产记录的，县级以上人民政府渔业行政主管部门及其所属渔政监督管理机构有权责令其限期改正；逾期不改的，将按照《农产品质量安全法》有关规定给予处罚。

2. 记录格式和内容

（1）水产养殖生产记录见表7-1，记录养殖种类、苗种来源及生长情况、饲料来源及投喂情况、水质变化等内容。

（2）水产养殖用药记录见表7-2，记录病害发生情况，主要症状，用药名称、时间、用量等内容。

表 7-1 水产养殖生产记录

池塘号：　　　　　面积：　　　亩*　　　养殖种类：　　　　年　　月

饲料来源		检测单位	
饲料品牌			

---

　* 亩为非法定计量单位。1亩＝$\frac{1}{15}$ hm²。——编者注

（续）

苗种来源			是否检疫		
投放时间			检疫单位		

时间	体长（cm）	体重（g）	投饵量（kg）	水温（℃）	溶解氧（mg/L）	pH	氨氮（mg/L）

养殖场名称：　　　　　　　　　　　养殖证编号：养证〔　〕第　　　号

养殖场场长：　　　　　　　　　　　养殖技术负责人：

表 7 - 2　水产养殖用药记录

序号							
时间							
池号							
用药名称							
用量/浓度							
平均体重/总重量							
病害发生情况							
主要症状							
处方							
处方人							
施药人员							
备注							

（3）记录的基本要求。

① 记录必须专人负责，由工作人员（质检员、生产工）填写相关记录，及时、准确填写，作为生产原始记录。

② 所有记录不得涂改，只允许杠改。

③ 所有记录必须由主管人员复审，并签字，写明日期。

（4）记录的储存与保管。

技术部负责质量记录表格的编制、审批、保存和定期销毁。

① 储存形式。以纸面记录为主，电子文本为辅。

② 储存环境。正常室温环境、防火、防蛀虫、防损坏、防变质、防丢失。

③ 保存期限。销售后 2 年以上。

④ 记录的处理。记录保存期满，经各部门负责人确认，经场长批准后销毁。

三、保障环境卫生

通过对养殖场区周围土地环境和水环境的严格控制，消除可能影响养殖生产质量的因素，避免对产品的质量和安全造成潜在的危害，保证产品质量符合食品卫生质量要求。

(一) 环境卫生职责

(1) 办公室负责制订《养殖场环境卫生管理制度》并组织落实与监督；负责防鼠、灭鼠和杀虫工作。

(2) 相关部门搞好各自生产区和生活区内的环境卫生、生产工器具和生产设施设备清洁卫生工作。

(3) 生活区清洁卫生实行卫生责任制，每半个月由办公室组织卫生检查 1 次。

(二) 环境卫生要求

(1) 场区按水域环境状况划分养殖区，养殖区与生活区完全分开。

(2) 场区环境应清洁卫生，无生物、化学、物理等污染物，在养殖区不得生产和存放有碍食品卫生的其他产品。

(3) 场区路面应平整、清洁、基面绿化美观。外来人员未经批准不得进入场内。

(4) 场区有符合卫生要求的饲料、渔药、化学品、包装物品储存等辅助设施和废物、垃圾暂存设施并及时清理。

(5) 场区内厕所设有冲洗、洗手、防蝇虫鼠等设施，粪便经无害化处理，保持清洁卫生。

(6) 场区内标识的区域应该醒目，如严禁火种、禁止吸烟、禁止随地吐痰、保持场区清洁卫生、爱护环境卫生等标识。

(三) 环境卫生制度

确保养殖场生产区和生活区周围环境的清洁卫生，强化对养殖场卫生的监督管理，由行政办公室人员负责养殖场周围环境的检查和监督。

(1) 养殖场环境，人人维护，教育员工从我做起，烟头、纸屑等废弃物投入垃圾桶，不随手乱丢乱弃，爱护养殖场一草一木，不乱踏乱折。

(2) 养殖场生活区的清洁工作，由行政办公室负责维护卫生，定点设置垃圾桶。

（3）每天全面清洁、清理生活区卫生 1 次，并随时保持生活区清洁干净。

（4）生产垃圾、废物、下脚料等放入垃圾桶，收集后集中存放，当天清理出场。

（5）有计划按步骤清理杂草，修剪花木，维护整齐优美的养殖场区环境。

（6）定期施放灭蝇、杀虫药，在生产、生活区周围设置活动捕鼠点，用食物引诱或粘胶、鼠笼捕鼠，每 3 个月至少开展 1 次灭鼠行动。

（7）行政办公人员每天检查生活区卫生并记录，发现问题要立即解决。

四、加强监测检验

配备水质、水生生物检测仪器设备，对苗种、饲料、养成品进行检验，对生产过程中水质、水生生物进行检测和监督。

（一）监测检验职责

（1）技术部负责各项检验工作，将有关检验结果反馈给责任部门或相关人员，并可以行使质量否决权。

（2）相关部门配合技术部门的检验工作。

（3）技术部进行监督和管理。

（二）监测检验要求

（1）公司配备合适的具备资格的检验设备和检验人员，检验人员必须经培训合格后上岗。

（2）检验必须按规定的检验规程操作，化验室要具备必要的标准资料和相应仪器设备，并按规定进行检定，保存校正记录。

（3）按规定对水体水质情况进行抽检。

（4）检验出不合格的苗种、产品，应及时隔离，并按规定进行纠正，纠正的有关要求按《纠正和预防措施控制程序》中的规定执行。

（5）不能检测的项目，应进行委托检验，接受委托的实验室必须具备相应的资格。技术部应收集被委托检测机构的检测能力、检测范围、质量保证能力等方面的技术资料。技术部还应与被委托方签订委托合同。

（6）苗种出池、养成品进入市场前必须完成所有的检验项目，未经检验（检疫）或检验不符合规定要求的产品，不得放行。

（7）化验室要按规定认真填写相关化验记录，记录保存 2 年以上。

（三）产品标识追溯

养殖场生产的养殖产品和苗种，使用正确和适当的标识，识别养殖产品、苗种、饲料、药品等物料及其检验状态，确保只有合格的物料和产品才能作为养殖投入品和运出养殖场，并能顺利追溯。生产部负责生产过程中成品、苗种及生产过程中物料的标识。仓库负责仓库物料的标识。技术部负责苗种、材料的检验状态的标识和养成品的《产品标签》使用。

(四) 种苗检测检疫

为保证养殖品种的种质和卫生质量符合要求，而对放养的苗种的种质和卫生质量进行控制和规范。技术部负责制订《养殖技术操作规范》和《苗种验收程序》，确定苗种验收和放养培育的技术及卫生要求并监督执行；生产部负责苗种的验收、放养；化验室按规定对苗种进行种质检测和卫生检疫。

（1）生产用的外购的苗种必须来自无污染水域及有水产苗种生产许可证的苗种场；苗种经检疫，应是健康鱼苗，清洁卫生，运送途中未受污染。

（2）苗种出池进行检疫，应是健康鱼苗。

（3）非健康苗种必须采取相应隔离措施、做好标识和相关记录，经技术部评估后处理。

第四节　药物残留超标的应对措施

药物残留是指给动物使用药物后蓄积或储存在动物细胞、组织和器官内，以及可食用产品中的药物或化学物的原形、代谢产物和杂质。广义上的药物残留除了由于防治疾病用药引起外，也可由使用饲料添加剂、动物接触或吃食环境中的污染物，如重金属、霉菌毒素、农药等引起。药物残留超标不仅可以直接对人体产生急、慢性毒性作用，引起细菌耐药性增强，还可以通过环境和食物链的作用间接对人体健康造成潜在危害，并影响我国养殖业健康发展和走向国际市场。因此，必须采取有效措施，控制和减少药物的残留。

一、药物残留的原因

1. 养殖过程不规范、不科学　养殖户对用药常识不熟，缺乏药物残留知识，导致滥用药物、超量用药的现象。另外，部分养殖户为了追求高额利润，不遵守休药期的规定，更是导致了药物残留。

2. 饲料和渔药中添加违禁药物　部分饲料和渔药生产企业受经济利益驱动，人为向饲料和渔药中添加违禁药物和添加剂等，加上一些假冒伪劣产品的混入，这些都是导致药物残留的重要原因。

3. 环境污染导致药物残留　主要指工业"三废"、农药和有害的城市生活垃圾等有害物质进入农田以及江河湖海，直接破坏、污染了鱼类赖以生存的水环境，使得水产品的药物残留程度日趋严重。

二、药物残留监控和应对措施

无公害养殖笋壳鱼，要尽量保证它们健康生长，避免用药。但目前在水产品生产过程中，无论是防病治病，还是促进生长，都要使用药物或添加剂，要实现无药物残留或绝对无药的水产品还比较难。因此，合理和控制使用药物是降低药物残留的根本措施。

1. 推广健康养殖技术 合理规划养殖场，确保环境无污染。加大无公害生态养殖技术宣传和推广力度，提高养殖者的技术水平。

2. 加强对药物的监管 严格遵守药物的使用对象、使用期限、使用剂量以及休药期等规定，严禁使用违禁药物和未被批准的药物；严禁或限制使用人鱼共用的抗菌药物或可能具有"三致"作用和过敏反应的药物；对允许使用的药物要遵守休药期规定。药物具体用法用量应符合《无公害食品 渔用药物使用准则》（NY 5071—2002）的规定。

3. 科学合理使用药物 要求饲料企业不得在饲料中添加已被禁止和未予批准的药物，并主动配合质量检测部门的监管工作，建立和完善饲料的监测和质量安全管理体系。质量检测部门应定期对用户公布饲料检测的结果，为养殖户提供信息。

第八章

养 殖 实 例

第一节　珠海鱼虾混养实用技术

珠江三角洲地区的珠海市水产养殖（淡水）科学技术推广站在 2005 年 3—11 月做了南美白对虾和笋壳鱼混养试验，有关试养情况如下。

一、池塘条件

试养地点选择在珠海市斗门区莲洲镇新洲村，试养池塘 1 口，面积共 3 000 m^2，水深 1.7 m，进排水方便，水源水质较好。配 2 台 1.5 kW 增氧机。

二、放养及前期准备工作

与放养南美白对虾前期基本一致，可分为干塘、清淤、生石灰消毒、抽地下咸水、进水等几个步骤。4 月 1 日放第 1 批虾苗，总数 20 万尾。7～10 d 后可放笋壳鱼苗，苗为 2004 年 11 月冬棚越冬苗，体长 2～5 cm，总数 2 000 尾。放苗时，先将尼龙充氧袋放入池塘水中约 10 min，待袋内水温与塘水温基本一致时才打开尼龙充氧袋，将笋壳鱼苗放入事先准备好的丝质网池中，再用 5～10 $\mu L/L$ 高锰酸钾溶液消毒鱼体约 5 min，清除死亡个体，待鱼种无异常后才投入养殖池塘。

三、日常管理

1. 投饵　饵料用南美白对虾饲料，每天早、午、晚 3 次，饵料食台投放量为投喂量的 1%，以 1～1.5 h 食完为宜。

2. 水质管理　笋壳鱼养殖半个月后，每 667 m^2 养殖塘套养 100～200 g/尾鳙鱼种 30～40 尾和 20～30 尾鲢鱼种，以调节水质。每 7～10 d 换水 1 次，换水量为 1/5。保持池塘水质稍偏肥，每次换水后或阴天下雨时，施放生石灰，用量为每 667 m^2 2.5～5 kg。

3. 病害防治　每半月使用一元二氧化氯消毒，用量为每 667 m^2 150 g，每月使用硫酸铜 1 次，用量为 150 g，连用 2 d。

四、收获与补苗

养殖至 6 月中、下旬，笋壳鱼规格 80～100 g/尾，南美白对虾规格 100～120 尾/kg，这时可考虑收获南美白对虾，宜用密网，起捕虾量约为估计虾总量的 3/4。起捕的笋壳鱼可用网箱暂养或放回原池。这时可进行南美白对虾的补苗工作，具体操作如下：在池内放置一个规格为 7 m×2 m×2 m 的 80 目网箱，均匀放入粗盐 40～50 kg，24 h 后放入南美白对虾苗，苗量为 15 万～20 万尾，在网箱暂养 5～7 d 后全塘放养。

五、最终收获

11 月中旬，笋壳鱼规格 300～400 g/尾，南美白对虾规格 8～10 尾/kg，进行干塘起捕，起捕笋壳鱼 180 kg，南美白对虾 750 kg。

六、小结和分析

1. 提高笋壳鱼的成活率有待进一步研究　本次试验笋壳鱼的成活率约为 25%，相对来说成活率比较低。笋壳鱼是一种耗氧量较低、病害较少的鱼类，理论上应该比较适合养殖，笔者认为导致这种情况的原因可能有以下几个：放苗时苗的规格不一，造成大鱼吃小鱼互相残食的现象；放苗的时间过早，放苗时的水温仅为 18 ℃左右，对成活率有一定影响。根据资料介绍，笋壳鱼适应的 pH 为 6.8～8.6，而本试验养殖水体 pH 长期保持在 8.0～9.2，可能笋壳鱼对高 pH 环境较为不适。

2. 饵料适口性问题　由于鱼苗在冬棚时主要投喂鱼肉浆或麦鲮等小鱼苗，而投入试养塘进行养殖时则一直使用对虾人工配合饲料，可能在饵料适口性方面存在问题，在笋壳鱼苗转料驯化时应该加强研究。最好投放已经驯化、能吃人工配合饲料的鱼苗。

3. 起捕的问题　在第 1 次收获南美白对虾时，捕到了不少笋壳鱼，由于笋壳鱼体表非常柔嫩，容易被虾刺或刮网弄伤，引起感染，所以在收捕时操作要格外小心，受伤的鱼要及时用 5～10 μL/L 的高锰酸钾溶液或 3%～5% 食盐水溶液浸洗 10～15 min，以减少死亡，提高成活率。在最终收获时，由于笋壳鱼有钻泥的习性，清塘捕捉不仅费时费工难以捉完，而且容易导致鱼体损伤和脱鳞。笔者提倡采用装笼捕捉的方法。养殖塘应沙泥底质，淤泥很少，面积在 2 000 m² 以内，以减少收捕时的麻烦和损失，提高经济效益。

4. 补苗的问题　在第 1 次收获时，补苗后的南美白对虾虾苗成活率不高。由于没有其他的空塘闲置，不能采取传统的放苗标粗过塘的方法，只能在原塘网箱标粗虾苗，由于虾苗个体太小和成虾、笋壳鱼捕食，对虾苗的成活率有一定影响，但这种方法在赶时间上市或虾苗价格比较低时还是可行的，如果发现成数过少时，可再补苗。笔者认为，如果条件允许，还是采取传统标粗过塘的方法，对对虾的成活率有一定帮助。

5. 养殖效益 虽然笋壳鱼的产量比较低，但价格相当高，达 80～100 元/kg，对虾共收 1 450 kg，虽然每 667 m² 产量不到 325 kg，但由于规格比较大，平均售价为 19 元/kg。每 667 m² 利润 6 175 元左右。

第二节 广州澳洲笋壳鱼池塘养殖技术

一、池塘条件

池塘面积以 600～5 000 m² 为宜，水深 1.5 m 以上，沙壤土，塘底淤泥少，塘基密实无漏洞，进排水方便、水质良好，并配备增氧机。

二、清塘培水

计划投苗前 15 d，每 667 m² 用生石灰 50～75 kg 或漂白粉 4～8 kg 消毒塘底。2 天后，用 80 目筛绢滤水入塘至水深 0.8～1.0 m。然后用茶粕（每 667 m² 25～50 kg）除去杂鱼类及起到肥水作用，每 667 m² 用敌百虫 0.25～0.5 kg 杀灭野虾，约 1 星期后，水色调至黄绿色，透明度 30～40 cm 时可试水投苗。如果水中浮游生物太少，每 667 m² 水面可施放 250～500 kg 经发酵的粪肥或有机肥，施肥的同时用 5 g/m³ 的二氧化氯（强氯精）消毒水体，经 5～7 d 培养出大量水蚤等浮游生物。

三、投苗密度

池塘养殖，建议 2～3 cm 的鱼苗每 667 m² 投放 6 000～10 000 尾；3～4 cm 的鱼苗，每 667 m² 投放 5 000～8 000 尾；4～5 cm 的鱼苗，每 667 m² 投放 4 000～6 000 尾；6 cm 以上的鱼苗，每 667 m² 投放 3 000～4 000 尾。网箱养殖，建议投放 6 cm 以上的鱼苗，密度 30～100 尾/m³。

四、种苗消毒

放种前可用 5% 的食盐水溶液或用 10 g/m³ 的高锰酸钾溶液浸浴鱼种 10 min。放苗时苗种袋与池塘水温相差不应超过 2℃。

五、强化教喂

鱼种先在池塘的一角用密网圈养 2～3 周，集中喂养提高成活率，以后再撤网放养到大塘中。池塘水深 1 m，苗种集中在 1/3 的水面进行第 1 阶段的培育。在饵料充足的情况下，1 周鱼苗即可长至 3 cm，1 个月可达 4～5 cm，这时可以撤去分隔池塘的密网，让鱼种进入大塘进行成鱼养殖。

六、池塘养殖方法

"活态投料"法养殖澳洲笋壳鱼，养出的成品鱼规格整齐，生长速度快，苗种成活率高，产量高。具体做法是：鱼塘清塘消毒后，将盐度调到 1 左右，加入有机肥或肥水营养液、豆浆等，将水色调至深绿色，试水后，每 667 m² 投放南美白对虾苗 2 万～10 万尾，10 d 后，每 667 m² 投放 3～6 cm 的笋壳鱼苗 4 000～8 000 尾，从第 2 天开始，每天定时定点投料，每 667 m² 用 2 kg 冰鲜鱼打成鱼浆或将鱼浆与活的水丝蚓混合做鱼饵（参考配方：鱼粉 30%；碎米、粮、米粉、玉米 55%～60%；鱼油或磨碎的泥虫 10%～15%。人工配合饲料时，最好混合 50%冰鲜鱼打成团投喂），在小船上离塘边约 4 m 处四周投喂，投喂方式为撒鱼浆小粒，即"活态投料"。日投饵量为鱼体重的 5%～10%。分 2 次投喂，早上 1/3，傍晚 2/3，定期添加一些药物及维生素防病。投喂过程要注意，不可将饲料撒到岸上，以至腐烂长虫，引发鱼病。笋壳鱼自然习性为寻食活动的小鱼小虾，"活态投料"与笋壳鱼的习性相符，促使笋壳鱼开口食料。这种以冰鲜鱼为主要饲料的投饵方式，直至成鱼上市。

第三节　澳洲笋壳鱼工厂化养殖技术

一、投喂饵料

以冰鲜野杂鱼搅成鱼浆或鳗料为主，硬性和干性饲料不合适。多用绞肉机将冰鲜鱼绞成鱼浆投喂苗种，待鱼长大后逐渐用冰鲜鱼块投喂。

二、投喂方法

用"活态投料"方法喂料。幼苗期间，鱼浆要用水搅稀些，在池塘四周和水葫芦之间的空隙泼洒。随着鱼慢慢长大，鱼浆不要调得太稀，并掌握好分量，如池水偏瘦，饵料可以投喂多一些。幼苗期间投饵量宁多勿少，但也不能过多。待鱼长到 30 g/尾时，就可以在池塘定几个点引诱集中投喂。其方法是在池边设置饵料台，日投喂量为鱼体总重的 4%～5%，每天投喂 2 次，早晚各 1 次。

三、投喂时间

要视水温而定，水温低于 24 ℃时喂 1 次就可以，水温高于 24 ℃时就要喂

2次，早上在太阳升起前投喂，晚上在太阳下山后投喂，因为澳洲笋壳鱼不喜欢在光线强的时候摄食，尤其是鱼苗期。在整个饲养过程中，保持溶解氧量4 mg/L 以上。该品种的抗病能力强，整个饲养周期中很少用药物治病。成鱼较易捕捞，商品鱼较易长途运输。

四、放养规格

每饲养 1～2 个月，最好将鱼分规格，大规格鱼要低密度养殖，小规格鱼可适当高密度养殖，大规格鱼集中到新水池中养殖至上市规格。

五、水质管理

定期或不定期用生石灰水调节池水，一般用量掌握在 5～10 μL/L。

六、注意事项

(1) 小心操作，损伤鱼体容易造成大量鱼死亡。
(2) 保持池水中溶解氧充足。
(3) 日常管理，每天的饲喂要确保做到定时定点。

第四节　东江湖大水面网箱养殖笋壳鱼技术

一、大水面养殖条件

东江湖区域属亚热带季风性湿润气候。年平均气温 13.6 ℃，全年以 7 月最热，月平均气温 25.3～30.3 ℃；1 月最冷，月平均气温 3.8～7.6 ℃。水质测定为国家一级饮用水标准，pH 为 7.29，溶解氧 8.95 mg/L。东江湖表层水温介于 13～30 ℃，其中夏天水温为 25 ℃左右，冬天水温一般在 12 ℃以上。东江湖最深处 158 m，一般为 30～50 m，适宜于网箱养鱼。

二、网箱与饵料台设置

1. 网箱设置　网箱置于东江湖的库区水域，采用 3 m×3 m 聚乙烯编织的有结网片制成，双层、封口式，规格为 5 m×5 m×3 m。网箱设置于离湖岸200 m 的水面，共有网箱 100 口，其中 2 口养殖笋壳鱼。网箱分 10 行，每行10 口，每 2 行为 1 组，每组网箱平行排列，每组网箱之间相距 8 m，并在每组网箱的两头用 60 cm 铁管串联，使整个网箱成片固定为一个整体。同时，在网箱的其中一头建立一个生产生活用房与网箱固定。网箱吃水深度为 2.6～2.7 m，露出水面部分高 30～40 cm，使用直径 6 cm 的铁管制作网箱架，用油桶作网箱浮子，网箱架的每边需用 2 根铁管相接固定成楼梯形，并在楼梯形铁管上架设木板作网箱上的走道。另外，为使网箱吃水部分能在水中展开成方形，要在网箱的底部外面四角用绳系吊石块或砖块。网箱在鱼种入箱前 10 d 设置好，使网衣在水中附着藻类，这样能减轻鱼种损伤，以提高其成活率。

2. 饵料台设置　饵料台设置在网箱内四角，饵料台框架用铁丝做成圆形，直径为 80 cm 左右，并在框架上套纱窗布；饵料台用尼龙线相连吊挂在网箱上，沉入水中 1.0～1.5 m，饵料台在水中必须与水面平行，以利投饵与笋壳鱼摄食。

三、鱼种来源与放养

鱼种来自广东阳山特种水产养殖场，为澳洲笋壳鱼。采用帆布桶蓄水充氧汽车运输，运输成活率为 100%。到达目的地后，再迅速将鱼种放入网箱中。共投放笋壳鱼种 600 尾，总计 101 kg，平均规格为 168 g/尾。

四、饲养管理

1. 饲料投喂　使用的饲料为冰鲜鱼，每天投喂 2～3 次。投喂饲料的方法是：先将冰鲜鱼切成适于笋壳鱼摄食的鱼块，并称重计量。投饵时将饵料台缓缓提至水面，再把鱼块铺平放置在饵料台后缓缓放入水中。投喂饲料 2 小时后检查摄食情况，如果发现有少量余饵，表明投饵量适宜；如果剩下饵料太多或没有残饵，表明投饵过多或投饵不足，应调至适宜的量。这样，经过多天的摸索，可以掌握笋壳鱼的最佳投饵量。每次检查笋壳鱼摄食时，要将吃剩的饵料捞出，同时将饵料台洗净。笋壳鱼鱼种放入网箱后的前 5～10 d 是适应期，此时期笋壳鱼因对初期环境的不适应，会出现对投喂饲料不感兴趣的现象。解决这个技术难题的方法是：在其入网箱的 2～3 d 不投饵，这样其自然会因饥饿而产生食欲；在笋壳鱼放入网箱的初期，尤其应尽量避免人为干扰，如不要在网箱边走动和大声喧哗，也不要在水面上使用灯光照明，否则笋壳鱼可能因惊吓拒绝摄食甚至死亡。

2. 病害防治　笋壳鱼抗病力强，在试验过程中未发现其他任何病害。在防治鱼病方面主要采取以下 5 条措施：一是投喂的冰鲜鱼必须保持新鲜，同时做到现切鱼块现用，以保证其鲜度。二是及时捞出残饵，及时洗净饵料台，防止病从口入。三是及时清除网箱污物，以保持网箱水体正常交换，保证水体中有充足的溶解氧。四是细心操作，清洗网箱时，拉网动作要轻、速度要缓。进行鱼体检查或测试时要做到带水作业，切勿将鱼带出水面。五是在所有操作环节中，都要尽可能地避免鱼体受伤，尤其是在水温低于 24 ℃时，要避免拉网分箱，否则笋壳鱼极易因受伤而患水霉病。

3. 日常管理　一是做到每天早、中、晚巡查网箱，细心观察笋壳鱼摄食和活动情况以及水温变化等，并建立详细养鱼档案。二是防止污物漂入箱内水面，及时清除网箱上的附着物，保证网目洁净畅通。三是结合清箱除污定期检查网箱，发现破损及时修补。四是保持箱盖距离水面30～40 cm，以避免笋壳鱼触网擦伤。五是适时分箱，保持每个网箱中笋壳鱼的规格基本一致，这有利于笋壳鱼的摄食、生长。

五、养殖结果

1. 养殖产量 从2007年9月12日开始养殖至11月14日，共收获笋壳鱼255.2 kg，个体平均重为425.3 g/尾，最大个体552 g，平均单产5.1 kg/m²。

2. 经济效益 销售价平均达到150元/kg，总收入38 280元。扣除鱼种费18 000元、饲料费3 200元、网箱折旧400元和管理费用600元等，成本共22 200元，利润为16 080元。

六、分析与讨论

（1）养殖全过程饲喂冰鲜鱼，但我们在同时期的另一个试验中，则以人工饵料为主，笋壳鱼生长速度与养殖效益与饲喂冰鲜鱼相近，且操作更为方便高效。因此认为，完全可以用人工饵料取代冰鲜鱼，同时如果能使用笋壳鱼的专用饲料，则可以实现笋壳鱼网箱规模化养殖。

（2）利用该类型的大水面网箱养殖笋壳鱼，其肥满度好、品质上乘。2007年10月14日现场宰杀的2条笋壳鱼共重0.7 kg，鱼肉结构紧凑、富有弹性、有光泽、口感极佳。

（3）笋壳鱼在网箱养殖中的行为有：笋壳鱼虽为底层鱼类，但在网箱长期养殖中因对环境的适应，其喜欢沿网箱边栖息于水面20～30 cm处，在投饵时也跃入水面上层摄食冰鲜鱼块；网箱环境中笋壳鱼对人的活动容易适应，并在适应后不惧怕人，但对灯光敏感、恐惧；笋壳鱼在网箱中活动力不强，可能是网箱的规格小，因此鱼活动范围也小。

第五节 鳗鱼池健康养殖笋壳鱼技术

一、池塘条件

养殖池塘选在湖南省宜章县鱼苗鱼种场的标准鳗鱼池，池塘总面积12 673 m²。其中，用于养殖笋壳鱼的面积10 060 m²。每口池为503 m²，正方形水泥池，池角稍圆无死角，池平均水深150 cm，池底成锅底形，从池中央排水。鱼池成"非"字形排列，进水渠环整个鳗鱼场四周进入每口鳗鱼池，进排水方便。水源采用地下温泉水和河水，温泉水温度为39 ℃，入池时加河水调至所需的养殖水温。在鳗鱼池上架设拱形大棚，夏秋两季用遮阳网覆盖每口鱼池面积的1/3；冬季改用全透明的塑料薄膜全覆盖保温，保持大棚和池内温度为28℃左右。同时，在每口池四周安置增氧设施，并按每50 cm的间距接通输氧管，输氧管另一头接散气石入池至池水深40～50 cm。

二、鱼种投放

1. 鱼种来源与数量　共先后投放笋壳鱼种294 580尾。其中，第1批、第2批、第3批均从广东中山调入，调入时间分别为2007年5月29日、6月13日和7月12日；数量分别为15 000尾、30 000尾和180 000尾；规格分别为2.5 cm、3 cm和3 cm。第4批于2007年7月17日从海南调入，数量4 580尾，规格30 g/尾。第5批于2007年11月11日从广东阳山县调入，数量65 000尾，其中5～10 cm规格的55 000尾，规格150～200 g/尾的10 000尾。

2. 鱼种运输与投放　根据笋壳鱼体表鳞片呈梳齿状，反向摩擦很容易伤害皮肤诱发感染死亡的情况，我们选择了多种规格进行运输试验，从中发现，3 cm以内的小规格笋壳鱼种易运输，这是因为3 cm以内的小规格鱼种，鱼小其鳞片也小且发育未完全成熟，同一水体鱼种之间不容易产生摩擦，运输中鱼种受伤程度小，其成活率在90％以上；30 g/尾以上的大规格笋壳鱼也易运输，这是因为30 g/尾以上的大规格笋壳鱼鱼种，其鳞片虽发育完全成熟，但结构紧密，同时具有很强的抗摩擦能力，所以运输中鱼种几乎不会受伤，其成活率近100％；而3～5 cm规格的笋壳鱼种最难运输，这是因为3～5 cm规格的笋壳鱼种，其鳞片发育刚成熟，但结构疏松，抗摩擦能力极弱，所以在运输途中极易相互擦伤而感染引起死亡，甚至全部死亡。因此，单从笋壳鱼运输成活率方面来说，在相同环境下其规格越大，其运输成活率越高。

第六节　企业成功案例

案例1：东莞市水产品养殖有限公司

公司简介：该公司是一家专门从事笋壳鱼（学名：线纹尖塘鳢）原种保有、良种选育、苗种繁育和培育、商品鱼养殖，以及加工与市场流通、技术服务和信息咨询的水产渔业产业化龙头企业。12年来，在公司董事长萧劲松先生的带领下，除了公司养殖笋壳鱼20多 hm² 外，还带动了周边散户养殖水面35 hm²。2017年，公司笋壳鱼产量37 500 t，产值突破3 000万元。加上公司周边养殖户，整个东莞水乡片区笋壳鱼养殖总产值突破1亿元。董事长萧劲松先生从事水产养殖12年来，从一座荒岛，一口鱼塘，一个工人，一座棚屋开始做起。那时岛上没有水没有电，连路都没有，上岛都要坐船。就是在那么恶劣的环境下，萧劲松先生毫不退缩，一心钻研笋壳鱼养殖、育苗技术。一有空闲便四处拜师学艺，取长补短。正是这样一份恒心与毅力，短短几年间，从一个门外汉历练成为一名笋壳鱼养殖领域的专家。也正是受自身的从业经历影响，在公司发展起来以后，他将所有笋壳鱼养殖相关的先进技术无偿分享给周边养殖户及同行们，希望在大家的共同努力下，将笋壳鱼这个产业做大做强。因为只有整个行业健康稳定地发展起来了，每一位从业者和每一家企业才能获得更好的可持续的回报，才能促进笋壳鱼养殖行业健康发展。

案例 2：广东省东莞市麻涌泓升养殖场

公司简介：泓升水产室内养殖场，改变传统养殖模式，是国内首家成功突破工厂化循环水专业养殖泰国笋壳鱼的室内养殖场。本场养殖的笋壳鱼全部在室内培育，全程进行科学管理，养殖过程中不使用任何药物，确保每尾鱼都在优质健康的环境中成长。

泓升水产室内养殖场，经过多年的不断投入和创新，用最干净的水质和环境养殖出健康、新鲜、看得见的绿色水产品。泓升水产室内养殖场始终以最佳的品质给消费者最好的食材。创新技术、保证品质是该场的坚持。

第九章

营养价值与食用方法

第一节　笋壳鱼的营养价值

笋壳鱼的营养价值非常高。其肉高蛋白，含有人体需要的 18 种氨基酸，有非常高的食用价值和保健作用，非常适合人类食用。

一、一般营养成分

笋壳鱼是一种低脂高蛋白的优质鱼类。笋壳鱼肌肉中的水分、粗蛋白质、粗脂肪和粗灰分的测定结果与其他几种淡水经济鱼类相比，肌肉中粗蛋白质含量与中华乌塘鳢的差异不显著，稍低于青鱼，显著高于鳜、草鱼和鲥。而笋壳鱼肌肉粗脂肪含量则显著低于其他几种经济鱼类（表 9-1）。

表 9-1　笋壳鱼肌肉营养成分与其他鱼类的比较（%）

品种	水分	粗蛋白质	粗脂肪	粗灰分
笋壳鱼	78.12	17.83	0.25	1.07
中华乌塘鳢	79.17	17.69	1.13	1.1
鳜	79.03	16.75	1.50	2.67
青鱼	79.63	18.11	0.76	1.23
草鱼	82.71	15.10	1.71	1.50
鲥	80.18	16.95	2.08	0.74

二、氨基酸组成丰富，营养品质高

笋壳鱼肌肉中的氨基酸组成包括色氨酸在内共 18 种常见氨基酸，其中包括人体必需的 8 种氨基酸：Thr、Val、Met、Phe、Ile、Leu、Lys、Trp；2 种半必需氨基酸：His、Arg；8 种非必需氨基酸：Asp、Glu、Ser、Gly、Ala、Tyr、Cys、Pro。笋壳鱼肌肉中氨基酸总量为 $4.02\% \pm 0.68\%$（占干样），其中 Glu 含量最高，占 $12.84\% \pm 0.45\%$，Glu 不仅是鲜味氨基酸，它还是脑组织生化代谢中的重要氨基酸，参与多种生理活性物质的合成。然后是 Arg、Asp、Lys、Leu，Cys 和 Trp 含量最低，这一组成特点与中华乌塘鳢、鳜相似。

笋壳鱼必需氨基酸的 AAS 均接近或大于 1，CS 除色氨酸、蛋氨酸＋胱氨酸外，均大于 0.5，这表明笋壳鱼肌肉必需氨基酸组成相对比较平衡，且含量十分丰富。笋壳鱼的必需氨基酸指数（EAAI）为 61.66，稍低于鳜，却高于中华乌塘鳢、草鱼和鳙。笋壳鱼的鲜味氨基酸总量低于鳜，高于长吻鮠、草鱼和鳙。

三、脂肪含量低，富含 EPA 和 DHA

笋壳鱼肌肉中主要含有 19 种脂肪酸，即：饱和脂肪酸（SFA）7 种，不饱和脂肪酸（UFA）12 种，其中单不饱和脂肪酸（MUFA）3 种，多不饱和脂酸（PUFA）9 种。笋壳鱼的多不饱和脂肪酸占肌肉脂肪酸的 28.41%。近年来的研究发现，多不饱和脂肪酸具有明显的降血脂、抑制血小板凝集、降血压、提高生物膜液态性、抗肿瘤和免疫调节作用，能显著降低心血管疾病的发病率。

笋壳鱼的 EPA 与 DHA 分别为 2.24% 和 4.74%，比黄鳝（EPA 0.74%、DHA 1.33%）、鲤（EPA 0.16%、DHA 0.29%）、鳙（EPA 0.037%、DHA 0.072%）均高。

四、富含矿物元素

笋壳鱼肌肉中富含钾、磷、钠、镁、钙和锌、铁、铜，这些元素对维持人体的生理功能有重要作用，还是鱼类呈鲜味不可缺少的因子。笋壳鱼钙、磷比为 1∶6.03，铜、铁、锌的比值也较合理（表 9-2）。

表 9-2　笋壳鱼肌肉中矿物元素的含量

元素	K	Na	Ca	Mg	P	Cu	Zn	Fe	Mn	Co	Cr	Ca
笋壳鱼（μg/g）	3 570	614	310	311	1 868	1.52	5.20	5.65	0.41	0.001 2	0.11	16.03

第二节　笋壳鱼的食用方法

一、作法

笋壳鱼体型较小，每条仅重 500 g 左右，大的用来清蒸、油浸（油泡），味道最为鲜美；小的用来滚汤。

1. 蒸　冬菜、榄角、雪菜、榨菜、瘦肉丝等任选一种，与笋壳鱼一起蒸。广东顺德特色蒸法：用鲜虾或夜香花蒸笋壳鱼，鲜虾肉因受热而滴出虾油，一是不会使鱼皮裂开；二是让虾的鲜味渗进鱼身，这样吃起来更鲜美，夜香花蒸笋壳鱼主要是增加香味。

2. 油泡　泡入热油中至熟，捞起放姜、葱、生抽即可。热油可以快速锁住鱼片的鲜味和营养，吃起来滑嫩、爽口。

3. 煲汤　最简单的有豆腐滚笋壳鱼，还有黄豆煲笋壳鱼，补钙益智，加百合、芡实、短豇豆，可以健脾益肾。

二、笋壳鱼宰杀方法

活鱼洗净后放进水里加少量食醋浸泡 3 min 后捞出，用小刀逆鳞轻轻刮去鳞片，用剪刀从泄殖孔沿腹部剪开，去除内脏、鳃等即可按烹饪需要进行处理，如整体清蒸、切片等。

三、烹饪主要菜式

笋壳鱼的烹饪方法与鲫、鲤等类似。但最能品到鱼本身的鲜美，以清蒸等做法为好。现将常用的烹饪方法介绍如下。

1. 清蒸笋壳鱼　清蒸笋壳鱼的做法简单，是常见菜。

主料：笋壳鱼 500 g。

辅料：辣椒（红、尖）25 g。

调料：盐 5 g，香油 3 g，胡椒粉 2 g，料酒 5 g，大葱 15 g，姜 15 g。

做法：

（1）将鱼宰杀去肚洗净。

（2）碟子上摆上几根葱，将鱼置于上面，再放上些姜丝。

（3）将鱼入锅蒸 8 min 取出。

（4）撒掉上面的葱姜，倒掉碟子里蒸鱼的水。

（5）撒上些葱花，淋上酱油，烧热一勺油，淋在上面就好了。

2. 油浸笋壳鱼

主料：笋壳鱼 1 条（重约 0.75 kg）。

辅料：葱扎两个，炸蒜蓉 30 g，香菜叶少许。

调料：二汤 250 g，李锦记蒸鱼豉油 100 g，味极鲜酱油 10 g，糖 30 g，鸡粉 10 g，麻油 3 g，胡椒粉、花雕酒、湿粉各少许。

做法：

（1）将笋壳鱼开背，起出脊骨，鱼身加入盐、胡椒粉、花雕酒略腌后，均匀抹上湿粉。

（2）起锅滑油，煎香脊骨，加入二汤煮出鲜味后捞出脊骨，然后下入调料调制成豉油备用。

（3）起锅滑油烧至五成热，放入笋壳鱼慢火浸炸至金黄酥脆，捞出放在碟上，然后把煎香的脊骨煮热，从碟边放入碟中，再撒上炸蒜蓉、香菜叶，放上葱扎即可上桌。

3. 姜豉油生焗笋壳鱼

主料：笋壳鱼1条（重约600 g）。

辅料：姜粒150 g、大蒜粒150 g、干葱150 g、香菜梗10 g、红辣椒20 g、姜蓉300 g。

调料：味极鲜酱油160 g，味精10 g，糖30 g，二汤200 g，阳江姜豉20粒，生粉5 g，生油5 g，盐、花雕酒各少许。

做法：

（1）将笋壳鱼洗净、去鳞、刮净内脏，鱼肉带皮开成排骨片，加入少许盐、味精5 g、姜汁5 g、生粉5 g，腌制10 min，花生油5 g备用。

（2）将蒜、姜、干葱拍一下，改成小方粒，备用。

（3）取砂煲，底部抹少许生油，将葱、姜、蒜粒放入，放在煲仔炉上开大火，加盖焗3 min，待香气溢出后，再将腌制过的笋壳鱼片平铺在蒜、姜上，再加盖旺火焗6 min，随后开盖。

（4）将80 g姜豉油用小勺淋在鱼肉上，加盖焗1 min后，撒上香菜梗和红辣椒，再加盖，淋上花雕酒上桌即可。

姜豉油：

（1）姜蓉300 g、味极鲜酱油160 g、味精10 g、阳江姜豉20粒、糖30 g、清水200 g。

（2）先将生姜打成蓉，放入清水和调料小火熬10 min，即可制成姜豉油。

4. 石锅笋壳鱼

（1）笋壳鱼的肉呈瓣状，烹煮时不易散碎，辅以泡椒，入口肉嫩，鲜香浓郁。

（2）把笋壳鱼洗净，斩成大块，加葱姜、料酒、盐和生粉待用。

（3）净锅上火放菜油和猪油烧热，下入猪肉末、豆瓣酱、泡姜末、泡七星椒末、鲜青花椒、藿香末和泡豇豆炒香，然后加入鲜汤，烧开后加入鱼块，加盐、白糖、味精调味，烧至鱼块熟且入味，勾薄芡起锅装在烧烫的石锅内（石锅不能太烫，以免影响鱼肉嫩度），撒上花椒粉、葱花即可上桌。

5. 柠汁笋壳鱼

主料：笋壳鱼1条（500 g左右）。

辅料：青红椒、姜丝、蒜末、葱段、笋片、鲜柠檬、味极鲜酱油、生抽、糖。

做法：

（1）备好食材。细盐黄酒抹尽鱼身，腌制 10 min。柠檬榨汁，留两片做装饰。

（2）热油锅，煎鱼前用厨房纸将鱼身上的水吸干净。

（3）两面煎至略黄，倒出多余橄榄油，留 1 勺左右。

（4）倒入开水，大火煮开，去除浮沫。

（5）加入泡椒、笋片，小火炖煮 10 min。喜辣的可以多放一两根泡椒。

（6）起锅前，倒入柠檬汁，汤汁呈奶白色，最后放入柠檬片、葱段点缀装饰。

6. 柠汁泰式笋壳鱼的做法

（1）笋壳鱼洗净，刮去鱼鳞，从背部剖开，把内脏取出。

（2）放入一勺盐，把笋壳鱼略微腌制 10 min（这个步骤也可省去）。

（3）把鱼洗净沥干，铺上生姜丝，倒入适量料酒，撒上适量盐。在盆子外面包上一层锡纸，放入蒸锅内。

（4）大火烧开水之后继续蒸 20 min 左右。

（5）在蒸的时候，可以准备浇在鱼身上的汁。

（6）锅内倒入少量油，四成热，放入蒜末，小火爆香，倒入适量的生抽、味极鲜酱油、糖和少量水搅拌均匀。煮沸后，关火，加入切好的青红椒圈，柠檬挤汁滴入汁内。

（7）把调好的酱汁，浇在蒸好的鱼上即可。

7. 葱烧笋壳鱼的做法

主料：笋壳鱼 1 条。

辅料：盐、酱油、大料、姜、蒜、葱、辣椒粉。

做法：

（1）笋壳鱼洗净后斜切三刀，用盐、料酒、酱油、姜片、葱腌制 30 min 以上。

（2）锅烧热倒入适量油，加葱姜蒜爆香捞出，同时烤箱预热到 200 ℃。

（3）将腌制好的笋壳鱼放入煎至变色略微焦黄盛出。

（4）烤架上薄薄地刷一层油，将煎好的笋壳鱼放在烤架上，放入烤箱 200 ℃ 烤 8 min。

（5）锅里烧少许热油，倒入葱花和辣椒粉快速翻炒均匀盛出。

（6）烤好的笋壳鱼取出，将葱花铺在鱼背上，放回烤箱继续烤 5 min 就可以了。

8. 蒜蓉豆豉蒸笋壳鱼

用料：新鲜笋壳鱼 1 条（约 450 g）。

辅料：虾少许、蒜蓉豆豉、姜丝、红辣椒、葱、油、盐、糖、酱油、白胡椒粉、生粉。

做法：

蒜蓉豆豉切碎加入姜丝和红辣椒碎，加上述其他辅料调成酱汁，再把虾放在鱼两边，淋上酱油，大火蒸 8 min，蒸好放上葱花。

9. 红烧笋壳鱼

主料：笋壳鱼 1 条。

辅料：姜、葱、料酒、盐、花椒、酱油、醋、蒸鱼豉油。

做法：

（1）鱼洗净，两侧各划几刀，加盐、花椒粉、料酒腌制 15 min。

（2）腌好的鱼入油锅煎至两面金黄后，加入葱姜蒜花椒等，然后倒入适量酱油，随个人喜好，还可加入蒸鱼豉油，并倒入适量清水，放盐，烧大概七八分钟左右，出锅前加入一点醋。

（3）盛出。

10. 笋壳鱼蒸鸡蛋

主料：笋壳鱼大条。

辅料：生抽、葱、盐、姜、油、温水、鸡蛋。

做法：

（1）鱼去鳞去内脏洗净。

（2）沿脊骨两边开一刀，不要切得过深。

（3）洗净的鱼放在碟上。均匀地擦上盐、油腌制 8 min 左右。

（4）铺上姜丝。

（5）鸡蛋加盐打散，倒入蒸鱼碟中。

（6）盖上保鲜膜，用牙签在保鲜膜上插 6～7 个孔，上锅蒸 15 min 取出。

（7）热锅下油放入洗净的葱段爆香铺在鱼上。锅内倒入生抽煮滚，淋在鱼上即可。

11. 香菜豆腐滚笋壳鱼汤

主料：笋壳鱼 1 条。

辅料：香菜、豆腐、姜、盐。

做法：

（1）洗净宰好的笋壳鱼，沥干水分。

（2）香菜洗净切段。

（3）拍一小块姜，热锅，用姜块把锅擦一遍，放两汤匙油，待油六成热下笋壳鱼，煎至微黄。

（4）加 5 碗水，下姜片，煮沸后转中火滚 20 min，下豆腐再煮 10 min，放香菜稍滚即可熄火，下盐调味食用。

12. 笋壳鱼木瓜玉米汤

主料：笋壳鱼 1 条。

辅料：甜玉米、木瓜、水。

做法：

（1）木瓜去皮，用匙羹把核挖干净，然后切小块。

（2）玉米洗干净，切 4 段。

（3）汤锅放适量水，沸腾后放入木瓜和玉米转中火。

（4）鱼洗干净，沥干水分，油热下锅煎一下，熄火，将鱼放入汤袋里，然后放入汤锅与木瓜、玉米一起煲（中小火），大约 40 min 即可。

13. 笋壳鱼海参汤

主料：笋壳鱼 1 条（500 g 左右）。

辅料：海参 5 小只，葱 2 根，料酒 1 小勺。

做法：

（1）将鱼洗净切段。

（2）放入油锅翻炒一下即可。

（3）喷上料酒，倒入开水。

（4）放入已发好的海参，中火炖 30 min。

（5）关火，撒上葱花即可。

附　　录

附录 1　国家级示范区基本条件

一、以生产经营单位为主体的国家级示范区基本条件

（一）养殖区域坐落于县级人民政府发布的《养殖水域滩涂规划》划定的养殖区、限养区内。

（二）养殖生产者持有效的《水域滩涂养殖证》（或《不动产权证书》《农村土地承包经营权证》），或者可证明其水域滩涂承包经营权、使用权的其他权证及承包合同。苗种生产单位须持有效的《水产苗种生产许可证》（渔业生产者自育、自用水产苗种的除外）。

（三）生产经营单位须为市场主体登记注册的水产养殖企业、农民专业合作社、个体工商户、家庭农场等及上述单位联合体等，联合体应为同一养殖类型。

（四）除工厂化养殖类型外，东、中部地区的养殖面积须在 2 000 亩（含）以上，西部地区的养殖面积须在 1 000 亩（含）以上。为工厂化养殖类型的，占地规模须在 100 亩（含）以上，养殖车间建筑面积须在 2 万 m^2（含）以上。

（五）近三年（含本年度）内产地水产品兽药残留监测合格率100%（未被抽检年份视同合格），不存在使用假劣兽药、禁止使用药物及化合物、停用兽药、人用药、原料药和农药等违法行为，不存在使用禁用的、无产品标签等信息的饲料和饲料添加剂等违法行为。

（六）若为非自然开放水域养殖模式，应当进排水分开且无明显毁损，并具有养殖尾水净化处理设施或设备且能正常使用；若为网箱、网栏、筏式、吊笼等自然开放水域养殖模式，应具备废弃物收集设施或设备且能正常使用。

（七）农业农村部和省级渔业主管部门根据工作需要提出的其他基本条件。

二、以县级人民政府为主体的国家级示范区基本条件

（一）成立创建示范工作领导小组，制定颁布水产养殖产业发展规划。

（二）东、中部地区的养殖面积须在 2 万亩（含）以上、养殖产量须在 1 万 t（含）以上；西部地区的养殖面积须在 1 万亩（含）以上、养殖产量须在 3 000 t（含）以上。

（三）县级人民政府颁布《养殖水域滩涂规划》，《水域滩涂养殖证》应发尽发，水域滩涂承包经营权、使用权的确权率达90%（含）以上。

（四）技术推广、水生动物防疫、环境监测、产品质量检测等机构健全或具有承担相关职能的机构。

（五）产地水产品兽药残留监测合格率达 98％（含）以上。

（六）建立占示范区养殖面积 10％（含）以上的核心示范区，实施标准化生产。

（七）农业农村部和省级渔业主管部门根据工作需要提出的其他基本条件。

附录2 《渔业水质标准》（GB 11607—1989）

Water quality standard for fisheries

为贯彻执行中华人民共和国《环境保护法》《水污染防治法》和《海洋环境保护法》《渔业法》，防止和控制渔业水域水质污染，保证鱼、贝、藻类正常生长、繁殖和水产品的质量，特制订本标准。

1 主题内容与适用范围

本标准适用鱼虾类的产卵场、索饵、越冬场、洄游通道和水产增养殖区等海、淡水的渔业水域。

2 引用标准

GB 5750 生活饮用水标准检验法

GB 6920 水质 pH值的测定 玻璃电极法

GB 7467 水质 六价铬的测定 二碳酰二肼分光光度法

GB 7468 水质 总汞测定 冷原子吸收分光光度法

GB 7469 水质 总汞测定 高锰酸钾—过硫酸钾消除法 双硫腙分光光度法

GB 7470 水质 铅的测定 双硫腙分光光度法

GB 7471 水质 镉的测定 双硫腙分光光度法

GB 7472 水质 锌的测定 双硫腙分光光度法

GB 7474 水质 铜的测定 二乙基二硫代氨基甲酸钠分光光度法

GB 7475 水质 铜、锌、铅、镉的测定 原子吸收分光光度法

GB 7479 水质 铵的测定 纳氏试剂比色法

GB 7481 水质 氨的测定 水杨酸分光光度法

GB 7482 水质 氟化物的测定 茜素磺酸锆目视比色法

GB 7484 水质 氟化物的测定 离子选择电极法

GB 7485 水质 总砷的测定 二乙基二硫代氨基甲酸银分光光度法

GB 7486 水质 氰化物的测定 第一部分：总氰化物的测定

GB 7488 水质 五日生化需氧量（BOD5） 稀释与接种法

GB 7489 水质 溶解氧的测定 碘量法

GB 7490 水质 挥发酚的测定 蒸馏后4-氨基安替比林分光光度法

GB 7492 水质 六六六、滴滴涕的测定 气相色谱法

GB 8972 水质 五氯酚钠的测定 气相色谱法

国家环境保护局 1989-08-12 批准　　　　　　　　　　1990.03.01 实施

GB 9803　水质　五氯酚的测定　藏红 T 分光光度法

GB 11891　水质　凯氏氮的测定

GB 11901　水质　悬浮物的测定　重量法

GB 11910　水质　镍的测定　丁二铜肟分光光度法

GB 11911　水质　铁、锰的测定　火焰原子吸收分光光度法

GB 11912　水质　镍的测定　火焰原子吸收分光光度法

3　渔业水质要求

3.1 渔业水域的水质，应符合渔业水质标准（表1）。

表 1　渔业水质标准

项目序号	项目	标准值
1	色、臭、味	不得使鱼、虾、贝、藻类带有异色、异臭、异味
2	漂浮物质	水面不得出现明显油膜或浮沫
3	悬浮物质	人为增加的量不得超过10，而且悬浮物质沉积于底部后，不得对鱼、虾、贝类产生有害的影响
4	pH	淡水 6.5~8.5，海水 7.0~8.5
5	溶解氧，mg/L	连续 24 h 中，16 h 以上必须大于5，其余任何时候不得低于3，对于鲑科鱼类栖息水域冰封期其余任何时候不得低于4
6	生化需氧量（5 d、20 ℃），mg/L	不超过5，冰封期不超过3
7	总大肠菌群	不超过 5 000 个/L（贝类养殖水质不超过 500 个/L）
8	汞，mg/L	≤0.0005
9	镉，mg/L	≤0.005
10	铅，mg/L	≤0.05
11	铬，mg/L	≤0.1
12	铜，mg/L	≤0.01
13	锌，mg/L	≤0.1
14	镍，mg/L	≤0.05
15	砷，mg/L	≤0.05
16	氰化物，mg/L	≤0.005
17	硫化物，mg/L	≤0.2
18	氟化物（以 F^- 计），mg/L	≤1
19	非离子氨，mg/L	≤0.02
20	凯氏氮，mg/L	≤0.05

（续）

项目序号	项目	标准值
21	挥发性酚，mg/L	≤0.005
22	黄磷，mg/L	≤0.001
23	石油类，mg/L	≤0.05
24	丙烯腈，mg/L	≤0.5
25	丙烯醛，mg/L	≤0.02
26	六六六（丙体），mg/L	≤0.002
27	滴滴涕，mg/L	≤0.001
28	马拉硫磷，mg/L	≤0.005
29	五氯酚钠，mg/L	≤0.01
30	乐果，mg/L	≤0.1
31	甲胺磷，mg/L	≤1
32	甲基对硫磷，mg/L	≤0.0005
33	呋喃丹，mg/L	≤0.01

3.2 各项标准数值系指单项测定最高允许值。

3.3 标准值单项超标，即表明不能保证鱼、虾、贝正常生长繁殖，并产生危害，危害程度应参考背景值、渔业环境的调查数据及有关渔业水质基准资料进行综合评价。

4 渔业水质保护

4.1 任何企、事业单位和个体经营者排放的工业废水、生活污水和有害废弃物，必须采取有效措施，保证最近渔业水域的水质符合本标准。

4.2 未经处理的工业废水、生活污水和有害废弃物严禁直接排入鱼、虾类的产卵场、索饵场、越冬场和鱼、虾、贝、藻类的养殖场及珍贵水生动物保护区。

4.3 严禁向渔业水域排放含病原体的污水；如需排放此类污水，必须经过处理和严格消毒。

5 标准实施

5.1 本标准由各级渔政监督管理部门负责监督与实施，监督实施情况，定期报告同级人民政府环境保护部门。

5.2 在执行国家有关污染物排放标准中，如不能满足地方渔业水质要求时，省、自治区、直辖市人民政府可制定严于国家有关污染排放标准的地方污染物排放标准，以保证渔业水质的要求，并报国务院环境保护部门和渔业行政主管部门备案。

5.3 本标准以外的项目，若对渔业构成明显危害时，省级渔政监督管理部门应组织有关单位制订地方补充渔业水质标准，报省级人民政府批准，并报国务院环境保护部门和渔业行政主管部门备案。

5.4 排污口所在水域形成的混合区不得影响鱼类洄游通道。

6　水质监测

6.1 本标准各项目的监测要求，按规定分析方法（表2）进行监测。

6.2 渔业水域的水质监测工作，由各级渔政监督管理部门组织渔业环境监测站负责执行。

表 2　渔业水质分析方法

序号	项目	测定方法	试验方法标准编号
1	悬浮物质	重量法	GB 11 901
2	pH	玻璃电极法	GB 6 920
3	溶解氧	碘量法	GB 7 489
4	生化需氧量	稀释与接种法	GB 7 488
5	总大肠菌群	多管发酵法滤膜法	GB 5 750
6	汞	冷原子吸收分光光度法	GB 7468
		高锰酸钾-过硫酸钾消解双硫腙分光光度法	GB 7469
7	镉	原子吸收分光光度法	GB 7475
		双硫腙分光光度法	GB 7471
8	铅	原子吸收分光光度法	GB 7475
		双硫腙分光光度法	GB 7470
9	铬	二苯碳酰二肼分光光度法（高锰酸盐氧化）	GB 7467
10	铜	原子吸收分光光度法	GB 7475
		二乙基二硫代氨基甲酸钠分光光度法	GB 7474
11	锌	原子吸收分光光度法	GB 7475
		双硫腙分光光度法	GB 7472
12	镍	火焰原子吸收分光光度法	GB 11912
		丁二铜肟分光光度法	GB 11 910
13	砷	二乙基二硫代氨基甲酸银分光光度法	GB 7485
14	氰化物	异烟酸-吡啶啉酮比色法吡啶-巴比妥酸比色法	GB 7486
15	硫化物	对二甲氨基苯胺分光光度法[1]	
16	氟化物	茜素磺锆目视比色法	GB 7482
		离子选择电极法	GB 7484

（续）

序号	项目	测定方法	试验方法标准编号
17	非离子氨[2]	纳氏试剂比色法	GB 7479
		水杨酸分光光度法	GB 7481
18	凯氏氮		GB 11891
19	挥发性酚	蒸馏后 4-氨基安替比林分光光度法	GB 7490
20	黄磷		
21	石油类	紫外分光光度法[1]	
22	丙烯腈	高锰酸钾转化法[1]	
23	丙烯醛	4-乙基间苯二酚分光光度法[1]	
24	六六六（丙体）	气相色谱法	GB 7492
25	滴滴涕	气相色谱法	GB 7492
26	马拉硫磷	气相色谱法[1]	
27	五氯酚钠	气相色谱法	GB 8972
		藏红剂分光光度法	GB 9803
28	乐果	气相色谱法[3]	
29	甲胺磷		
30	甲基对硫磷	气相色谱法[3]	
31	呋喃丹		

注：暂时采用下列方法，待国家标准发布后，执行国家标准。

1）渔业水质检验方法为农牧渔业部 1983 年颁布。

2）测得结果为总氨浓度，然后按表 A1、表 A2 换算为非离子浓度。

3）地面水水质监测检验方法为中国医学科学院卫生研究所 1978 年颁布。

附录 A
总氨换算表
（补充件）

表 A1　氨的水溶液中非离子氨的百分比

温度（℃）	pH								
	6.0	6.5	7.0	7.5	8.0	8.5	9.0	9.5	10.0
5	0.013	0.040	0.12	0.39	1.2	3.8	11	28	56
10	0.019	0.059	0.19	0.59	1.8	5.6	16	37	65
15	0.027	0.087	0.27	0.86	2.7	8.0	21	46	73
20	0.040	0.13	1.40	1.2	3.8	11	28	56	80
25	0.057	0.18	1.57	1.8	5.4	15	36	64	85
30	0.080	0.25	2.80	2.5	7.5	20	45	72	89

表 A2　总氨（$NH_4^+ + NH_3$）浓度，其中非离子氨浓度 0.020 mg/L（NH_3）（mg/L）

温度（℃）	pH								
	6.0	6.5	7.0	7.5	8.0	8.5	9.0	9.5	10.0
5	160	51	16	5.1	1.6	0.53	0.18	0.071	0.036
10	110	34	11	3.4	1.1	0.36	0.13	0.054	0.031
15	73	23	7.3	2.3	0.75	0.25	0.093	0.043	0.027
20	50	16	5.1	1.6	0.52	0.18	0.070	0.036	0.025
25	35	11	3.5	1.1	0.37	0.13	0.055	0.031	0.024
30	25	7.6	2.5	0.81	0.27	0.099	0.045	0.028	0.022

附加说明：

本标准由国家环境保护局标准处提出。

本标准由渔业水质标准修订组负责起草。

本标准委托农业部渔政渔港监督管理局负责解释。

附录 3 《无公害食品 淡水养殖用水水质》

前 言

本标准的全部技术内容为强制性。

本标准在 GB 11607—1989《渔业水质标准》的基础上进一步规定了淡水养殖用水中可引起残留的重金属、农药和有机物指标。本标准作为检测、评价养殖水体是否符合无公害水产品养殖环境条件要求的依据。

本标准由中华人民共和国农业部提出。

本标准起草单位：湖北省水产科学研究所。

本标准主要起草人：张汉华、朱江、葛虹、李威、张扬。

1 范围

本标准规定了淡水养殖用水水质要求、测定方法、检验规则和结果判定。

本标准适用于淡水养殖用水。

2 规范性引用文件

下列文件中的条款通过本标准的引用而成为本标准的条款。凡是注日期的引用文件，其随后所有的修改单（不包括勘误的内容）或修订版均不适用于本标准，然而，鼓励根据本标准达成协议的各方研究是否可使用这些文件的最新版本。凡是不注日期的引用文件，其最新版本适用于本标准。

GB/T 5750 生活饮用水标准检验法

GB/T 7466 水质 总铬的测定

GB/T 7468 水质 总汞的测定 冷原子吸收分光光度法

GB/T 7469 水质 总汞的测定 高锰酸钾-过硫酸钾消解法 双硫腙分光光度法

GB/T 7470 水质 铅的测定 双硫腙分光光度法

GB/T 7471 水质 镉的测定 双硫腙分光光度法

GB/T 7472 水质 锌的测定 双硫腙分光光度法

GB/T 7473 水质 铜的测定 2,9-二甲基-1,10-菲罗啉分光光度法

GB/T 7474 水质 铜的测定 二乙基二硫代氨基甲酸钠分光光度法

GB/T 7475 水质 铜、锌、铅、镉的测定 原子吸收分光光度法

GB/T 7482 水质 氟化物的测定 茜素磺酸锆目视比色法

GB/T 7483 水质 氟化物的测定 氟试剂分光光度法

GB/T 7484 水质 氟化物的测定 离子选择电极法

GB/T 7485 水质 总砷的测定 二乙基二硫代氨基甲酸银分光光度法

GB/T 7490　水质　挥发酚的测定　蒸馏后 4 -氨基安替比林分光光度法

GB/T 7491　水质　挥发酚的测定　蒸馏后溴化容量法

GB/T 7492　水质　六六六、滴滴涕的测定　气相色谱法

GB/T 8538　饮用天然矿泉水检验方法

GB 11607　渔业水质标准

GB/T 12997　水质　采样方案设计技术规定

GB/T 12998　水质　采样技术指导

GB/T 12999　水质采样　样品的保存和管理技术规定

GB/T 13192　水质　有机磷农药的测定　气相色谱法

GB/T 16488　水质　石油类和动植物油的测定　红外光度法

水和废水监测分析方法

3　要求

3.1　淡水养殖水源应符合 GB 11607 规定。

3.2　淡水养殖用水水质应符合表 1 要求。

表 1　淡水养殖用水水质要求

序号	项目	标准值
1	色、臭、味	不得使养殖水体带有异色、异臭、异味
2	总大肠菌群，个/L	≤5 000
3	汞，mg/L	≤0.000 5
4	镉，mg/L	≤0.005
5	铅，mg/L	≤0.05
6	铬，mg/L	≤0.1
7	铜，mg/L	≤0.01
8	锌，mg/L	≤0.1
9	砷，mg/L	≤0.05
10	氟化物，mg/L	≤1
11	石油类，mg/L	≤0.05
12	挥发性酚，mg/L	≤0.005
13	甲基对硫磷，mg/L	≤0.000 5
14	马拉硫磷，mg/L	≤0.005
15	乐果，mg/L	≤0.1
16	六六六（丙体），mg/L	≤0.002
17	DDT，mg/L	0.001

4 测定方法

淡水养殖用水水质测定方法见表2。

表2 淡水养殖用水水质测定方法

序号	项目	测定方法		测试方法标准编号	检测下限，mg/L
1	色、臭、味	感官法		GB/T 5750	—
2	总大肠菌群	（1）多管发酵法		GB/T 5750	—
		（2）滤膜法			
3	汞	（1）原子荧光光度法		GB/T 8538	0.000 05
		（2）冷原子吸收分光光度法		GB/T 7468	0.000 05
		（3）高锰酸钾-过硫酸钾消解 双硫腙分光光度法		GB/T 7469	0.002
4	镉	（1）原子吸收分光光度法		GB/T 7475	0.001
		（2）双硫腙分光光度法		GB/T 7471	0.001
5	铅	（1）原子吸收分光光度法	螯合萃取法	GB/T 7475	0.01
			直接法		0.2
		（2）双硫腙分光光度法		GB/T 7470	0.01
6	铬	二苯碳酰二肼分光光度法（高锰酸盐氧化法）		GB/T 7466	0.004
7	砷	（1）原子荧光光度法		GB/T 8538	0.000 04
		（2）二乙基二硫代氨基甲酸银分光光度法		GB/T 7485	0.007
8	铜	（1）原子吸收分光光度法	螯合萃取法	GB/T 7475	0.001
			直接法		0.05
		（2）二乙基二硫代氨基甲酸钠分光光度法		GB/T 7474	0.010
		2，9-二甲基-1，10-菲罗啉分光光度法		GB/T 7473	0.06
9	锌	（1）原子吸收分光光度法		GB/T 7475	0.05
		（2）双硫腙分光光度法		GB/T 7472	0.005
10	氟化物	（1）茜素磺酸锆目视比色法		GB/T 7482	0.05
		（2）氟试剂分光光度法		GB/T 7483	0.05
		（3）离子选择电极法		GB/T 7484	0.05

（续）

序号	项目	测定方法	测试方法标准编号	检测下限，mg/L
11	石油类	（1）红外分光光度法	GB/T 16488	0.01
		（2）非分散红外光度法		0.02
		（3）紫外分光光度法	《水和废水监测分析方法》（国家环保局）	0.05
12	挥发酚	（1）蒸馏后 4-氨基安替比林分光光度法	GB/T 7490	0.002
		（2）蒸馏后溴化容量法	GB/T 7491	—
13	甲基对硫磷	气相色谱法	GB/T 13192	0.000 42
14	马拉硫磷	气相色谱法	GB/T 13192	0.000 64
15	乐果	气相色谱法	GB/T 13192	0.000 57
16	六六六	气相色谱法	GB/T 7492	0.000 004
17	DDT	气相色谱法	GB/T 7492	0.000 2

注：对同一项目有两个或两个以上测定方法的，当对测定结果有异议时，方法（1）为仲裁测定方法。

5　检验规则

检测样品的采集、贮存、运输和处理按 GB/T 12997、GB/T 12998 和 GB/T 12999 的规定执行。

6　结果判定

本标准采用单项判定法，所列指标单项超标，判定为不合格。

附录 4　水产养殖用药明白纸

水产养殖用药明白纸 2022 年 1 号

水产养殖食用动物中禁止使用的药品及其他化合物清单

序号	名称	依据
1	酒石酸锑钾（antimony potassium tartrate）	
2	β-兴奋剂（β-agonists）类及其盐、酯	
3	汞制剂：氯化亚汞（甘汞）（calomel）、醋酸汞（mercurous acetate）、硝酸亚汞（mercurous nitrate）、吡啶基醋酸汞（pyridyl mercurous acetate）	
4	毒杀芬（氯化烯）（camahechlor）	
5	卡巴氧（carbadox）及其盐、酯	
6	呋喃丹（克百威）（carbofuran）	
7	氯霉素（chloramphenicol）及其盐、酯	
8	杀虫脒（克死螨）（chlordimeform）	
9	氨苯砜（dapsone）	
10	硝基呋喃类：呋喃西林（furacilinum）、呋喃妥因（furadantin）、呋喃它酮（furaltadone）、呋喃唑酮（furazolidone）、呋喃苯烯酸钠（nifurstyrenate sodium）	
11	林丹（lindane）	农业农村部公告第 250 号
12	孔雀石绿（malachite green）	
13	类固醇激素：醋酸美仑孕酮（melengestrol acetate）、甲基睾丸酮（methyltestosterone）、群勃龙（去甲雄三烯醇酮）（trenbolone）、玉米赤霉醇（zeranal）	
14	安眠酮（methaqualone）	
15	硝呋烯腙（nitrovin）	
16	五氯酚酸钠（pentachlorophenol sodium）	
17	硝基咪唑类：洛硝达唑（ronidazole）、替硝唑（tinidazole）	
18	硝基酚钠（sodium nitrophenolate）	
19	己二烯雌酚（dienoestrol）、己烯雌酚（diethylstilbestrol）、己烷雌酚（hexoestrol）及其盐、酯	
20	锥虫砷胺（tryparsamile）	
21	万古霉素（vancomycin）及其盐、酯	

水产养殖食用动物中停止使用的兽药

序号	名称	依据
1	洛美沙星、培氟沙星、氧氟沙星、诺氟沙星 4 种兽药的原料药的各种盐、酯及其各种制剂	农业部公告第 2292 号
2	噬菌蛭弧菌微生态制剂（生物制菌王）	农业部公告第 2294 号
3	喹乙醇、氨苯砷酸、洛克沙胂 3 种兽药的原料药及各种制剂	农业部公告第 2638 号

《兽药管理条例》第三十九条规定："禁止使用假、劣兽药以及国务院兽医行政管理部门规定禁止使用的药品和其他化合物。"

《兽药管理条例》第四十一条规定："禁止将原料药直接添加到饲料及动物饮用水中或者直接饲喂动物，禁止将人用药品用于动物。"

《农药管理条例》第三十五条规定："严禁使用农药毒鱼、虾、鸟、兽等。"

依据《中华人民共和国农产品质量安全法》《兽药管理条例》等有关规定，地西泮等畜禽用兽药在我国均未经审查批准用于水产动物，在水产养殖过程中不得使用。

鉴别假、劣兽药必知

《兽药管理条例》第四十七条规定："有下列情形之一的，为假兽药：（一）以非兽药冒充兽药或者以他种兽药冒充此种兽药的；（二）兽药所含成分的种类、名称与兽药国家标准不符合的。有下列情形之一的，按照假兽药处理：（一）国务院兽药行政管理部门规定禁止使用的；（二）依照本条例规定应当经审查批准而未经审查批准即生产、进口的，或者依照本条例规定应当经抽查检验、审查核对而未经抽查检验、审查核对即销售、进口的；（三）变质的；（四）被污染的；（五）所标明的适应证或者功能主治超出规定范围的。"
《兽药管理条例》第四十八条规定："有下列情形之一的，为劣兽药：（一）成分含量不符合兽药国家标准或者不标明有效成分的；（二）不标明或者更改有效期或者超过有效期的；（三）不标明或者更改产品批号的；（四）其他不符合兽药国家标准，但不属于假兽药的。"
《兽药管理条例》第七十二条规定："兽药，是指用于预防、治疗、诊断动物疾病或者有目的地调节动物生理机能的物质（含药物饲料添加剂），主要包括：血清制品、疫苗、诊断制品、微生态制品、中药材、中成药、化学药品、抗生素、生化药品、放射性药品及外用杀虫剂、消毒剂等。"

建议养殖者不要盲目听信部分药厂的推销和宣传！凡是称其产品为用于预防、治疗、诊断水产养殖动物疾病或者有目的地调节水产养殖动物生理机能的物质，必须有农业农村部核发的兽药产品批准文号（或进口兽药注册证号）和二维码标识。没有批号或未赋二维码的，依法应按假、劣兽药处理。一旦发现假、劣兽药，应立即向当地农业农村（畜牧兽医）主管部门举报！杜绝购买使用假、劣兽药！

水产养殖用兽药查询方法：可通过中国兽药信息网（www.ivdc.org.cn）"国家兽药基础数据"中"兽药产品批准文号数据"，以及"国家兽药综合查询App"手机软件等方式查询。

苹果版扫描下载

安卓版扫描下载

水产养殖规范用药"六个不用"

一不用禁停用药物	二不用假、劣兽药	三不用原料药
四不用人用药	五不用化学农药	六不用未批准的水产养殖用兽药

说明：本宣传材料仅供参考，涉及的药品和管理规定，以相关法律法规和规范性文件为准。

水产养殖用药明白纸 2022 年 2 号

已批准的水产养殖用兽药（截至 2022 年 9 月 30 日）

序号	名称	依据	休药期
	抗生素		
1	甲砜霉素粉*	A	500 度日
2	氟苯尼考粉*	A	375 度日
3	氟苯尼考注射液	A	375 度日
4	氟甲喹粉*	B	175 度日
5	恩诺沙星粉（水产用）*	B	500 度日
6	盐酸多西环素粉（水产用）*	B	750 度日
7	维生素 C 磷酸酯镁盐酸环丙沙星预混剂*	B	500 度日
8	盐酸环丙沙星盐酸小檗碱预混剂*	B	500 度日
9	硫酸新霉素粉（水产用）*	B	500 度日
10	磺胺间甲氧嘧啶钠粉（水产用）*	B	500 度日
11	复方磺胺嘧啶粉（水产用）*	B	500 度日
12	复方磺胺二甲嘧啶粉（水产用）*	B	500 度日
13	复方磺胺甲噁唑粉（水产用）*	B	500 度日
	驱虫和杀虫剂		
14	复方甲苯咪唑粉	A	150 度日

（续）

序号	名称	依据	休药期
15	甲苯咪唑溶液（水产用）*	B	500 度日
16	地克珠利预混剂（水产用）	B	500 度日
17	阿苯达唑粉（水产用）	B	500 度日
18	吡喹酮预混剂（水产用）	B	500 度日
19	辛硫磷溶液（水产用）*	B	500 度日
20	敌百虫溶液（水产用）*	B	500 度日
21	精制敌百虫粉（水产用）*	B	500 度日
22	盐酸氯苯胍粉（水产用）	B	500 度日
23	氯硝柳胺粉（水产用）	B	500 度日
24	硫酸锌粉（水产用）	B	未规定
25	硫酸锌三氯异氰脲酸粉（水产用）	B	未规定
26	硫酸铜硫酸亚铁粉（水产用）	B	未规定
27	氰戊菊酯溶液（水产用）*	B	500 度日
28	溴氰菊酯溶液（水产用）*	B	500 度日
29	高效氯氰菊酯溶液（水产用）*	B	500 度日
抗真菌药			
30	复方甲霜灵粉	C2505	240 度日
消毒剂			
31	三氯异氰脲酸粉	B	未规定
32	三氯异氰脲酸粉（水产用）	B	未规定
33	浓戊二醛溶液（水产用）	B	未规定
34	稀戊二醛溶液（水产用）	B	未规定
35	戊二醛苯扎溴铵溶液（水产用）	B	未规定
36	次氯酸钠溶液（水产用）	B	未规定
37	过碳酸钠（水产用）	B	未规定
38	过硼酸钠粉（水产用）	B	0 度日
39	过氧化钙粉（水产用）	B	未规定
40	过氧化氢溶液（水产用）	B	未规定
41	含氯石灰（水产用）	B	未规定
42	苯扎溴铵溶液（水产用）	B	未规定
43	癸甲溴铵碘复合溶液	B	未规定
44	高碘酸钠溶液（水产用）	B	未规定

（续）

序号	名称	依据	休药期
45	蛋氨酸碘粉	B	虾0日
46	蛋氨酸碘溶液	B	鱼、虾0日
47	硫代硫酸钠粉（水产用）	B	未规定
48	硫酸铝钾粉（水产用）	B	未规定
49	碘附（Ⅰ）	B	未规定
50	复合碘溶液（水产用）	B	未规定
51	溴氯海因粉（水产用）	B	未规定
52	聚维酮碘溶液（Ⅱ）	B	未规定
53	聚维酮碘溶液（水产用）	B	500度日
54	复合亚氯酸钠粉	C2236	0度日
55	过硫酸氢钾复合物粉	C2357	未规定
中药材和中成药			
56	大黄末	A	未规定
57	大黄芩鱼散	A	未规定
58	虾蟹脱壳促长散	A	未规定
59	穿梅三黄散	A	未规定
60	蚌毒灵散	A	未规定
61	七味板蓝根散	B	未规定
62	大黄末（水产用）	B	未规定
63	大黄解毒散	B	未规定
64	大黄芩蓝散	B	未规定
65	大黄侧柏叶合剂	B	未规定
66	大黄五倍子散	B	未规定
67	三黄散（水产用）	B	未规定
68	山青五黄散	B	未规定
69	川楝陈皮散	B	未规定
70	六味地黄散（水产用）	B	未规定
71	六味黄龙散	B	未规定
72	双黄白头翁散	B	未规定
73	双黄苦参散	B	未规定
74	五倍子末	B	未规定
75	石知散（水产用）	B	未规定
76	龙胆泻肝散（水产用）	B	未规定

（续）

序号	名称	依据	休药期
77	加减消黄散（水产用）	B	未规定
78	百部贯众散	B	未规定
79	地锦草末	B	未规定
80	地锦鹤草散	B	未规定
81	芪参散	B	未规定
82	驱虫散（水产用）	B	未规定
83	苍术香连散（水产用）	B	未规定
84	扶正解毒散（水产用）	B	未规定
85	肝胆利康散	B	未规定
86	连翘解毒散	B	未规定
87	板黄散	B	未规定
88	板蓝根末	B	未规定
89	板蓝根大黄散	B	未规定
90	青莲散	B	未规定
91	青连白贯散	B	未规定
92	青板黄柏散	B	未规定
93	苦参末	B	未规定
94	虎黄合剂	B	未规定
95	虾康颗粒	B	未规定
96	柴黄益肝散	B	未规定
97	根莲解毒散	B	未规定
98	清健散	B	未规定
99	清热散（水产用）	B	未规定
100	脱壳促长散	B	未规定
101	黄连解毒散（水产用）	B	未规定
102	黄芪多糖粉	B	未规定
103	银翘板蓝根散	B	未规定
104	雷丸槟榔散	B	未规定
105	蒲甘散	B	未规定
106	博落回散	C2374	未规定
107	银黄可溶性粉	C2415	未规定
生物制品			
108	草鱼出血病灭活疫苗	A	未规定

（续）

序号	名称	依据	休药期
109	草鱼出血病活疫苗（GCHV－892株）	B	未规定
110	牙鲆鱼溶藻弧菌、鳗弧菌、迟缓爱德华菌病多联抗独特型抗体疫苗	B	未规定
111	嗜水气单胞菌败血症灭活疫苗	B	未规定
112	鱼虹彩病毒病灭活疫苗	C2152	未规定
113	大菱鲆迟钝爱德华氏菌活疫苗（EIBAV1株）	C2270	未规定
114	大菱鲆鳗弧菌基因工程活疫苗（MVAV6203株）	D158	未规定
115	鳜传染性脾肾坏死病灭活疫苗（NH0618株）	D253	未规定
维生素类			
116	亚硫酸氢钠甲萘醌粉（水产用）	B	未规定
117	维生素C钠粉（水产用）	B	未规定
激素类			
118	注射用促黄体素释放激素 A_2	B	未规定
119	注射用促黄体素释放激素 A_3	B	未规定
120	注射用复方鲑鱼促性腺激素释放激素类似物	B	未规定
121	注射用复方绒促性素A型（水产用）	B	未规定
122	注射用复方绒促性素B型（水产用）	B	未规定
123	注射用绒促性素（I）	B	未规定
124	鲑鱼促性腺激素释放激素类似物	D520	未规定
其他类			
125	多潘立酮注射液	B	未规定
126	盐酸甜菜碱预混剂（水产用）	B	0度日

说明：1. 对2020年版进行修订，抗菌药中增补"盐酸环丙沙星盐酸小檗碱预混剂"，中草药中剔除"五味常青颗粒"，激素类中新增"鲑鱼促性腺激素释放激素类似物"。

2. 本宣传材料仅供参考，已批准的兽药名称、用法用量和休药期，以兽药典、兽药质量标准和相关公告为准。

3. 代码解释，A为兽药典2020年版，B为兽药质量标准2017年版，C为农业部公告，D为农业农村部公告。

4. 休药期中"度日"是指水温与停药天数乘积，如某种兽药休药期为500度日，当水温25℃，至少需停药20日以上，即25℃×20日＝500度日。

5. 水产养殖生产者应依法做好用药记录，使用有休药期规定的兽药必须遵守休药期。

6. 带*的为兽用处方药，需凭借执业兽医开具的处方购买和使用。

7. 如需了解每种兽药的详细信息，请扫描二维码查看。

附录5　淡水池塘养殖水排放要求

前　言

本标准由中华人民共和国农业部渔业局提出。

本标准由全国水产标准化技术委员会归口。

本标准起草单位：中国水产科学研究院淡水渔业研究中心、中国水产科学研究院长江水产研究所。

本标准主要起草人：陈家长、吴伟、胡庚东、瞿建宏、倪朝辉、范立民。

1　范围

本标准规定了淡水池塘养殖水排放的废水排放分级与水域划分、要求、测定方法、结果判定、标准实施与监督。

本标准适用于淡水池塘养殖水排放。

2　规范性引用文件

下列文件中的条款通过本标准的引用而成为本标准的条款。凡是注日期的引用文件，其随后所有的修改单（不包括勘误的内容）或修订版均不适用于本标准，然而，鼓励根据本标准达成协议的各方研究是否可使用这些文件的最新版本。凡是不注日期的引用文件，其最新版本适用于本标准。

GB 3838—2002　地表水环境质量标准

GB/T 6920　水质　pH 的测定　玻璃电极法

GB/T 7474　水质　铜的测定　二乙基二硫代氨基甲酸钠分光光度法

GB/T 7475　水质　铜、铅、锌、镉的测定　原子吸收分光光谱法

GB/T 7488　水质　五日生化需氧量（BOD_5）的测定　稀释与接种法

GB/T 11892　水质　高锰酸盐指数的测定

GB/T 11893　水质　总磷的测定　钼酸铵分光光度法

GB/T 11894　水质　总氮的测定　碱性过硫酸钾消解紫外分光光度法

GB 11897　水质　游离氯和总氯的测定　N，N-二乙基-1，4 苯二胺滴定法

GB 11898　水质　游离氯和总氯的测定　N，N-二乙基-1，4 苯二胺分光光度法

GB/T 11901　水质　悬浮物的测定　重量法

GB/T 12997　水质　采样方案设计技术规程

GB/T 12998　水质　采样技术指导

GB/T 12999　水质　采样样品的保存和管理技术规定

GB/T 16489　水质　硫化物测定　亚甲基蓝分光光度法

3 废水排放分级与水域划分

3.1 废水分级

根据接纳淡水池塘养殖水排放区域的使用功能，将淡水池塘养殖水排放要求分为一级和二级，见表1。

3.2 排放水域划分

按使用功能和保护目标，将淡水池塘养殖水排放去向的淡水水域划分为三种：

a) 特殊保护水域，指 GB 3838—2002 中 I 类水域，主要适合于源头水、国家自然保护区，在此区域不得新建淡水池塘养殖水排放口，原有的养殖用水应循环使用或对排放水进行处理，一时无法安排的养殖水排放应达到表1中的一级标准。

b) 重点保护水域，指 GB 3838—2002 中 Ⅱ 类水域，主要适合于集中式生活饮用水源地一级保护区、珍稀水生生物栖息地、鱼虾类产卵场、仔稚幼鱼的索饵场等，在此区域不得新建淡水池塘养殖水排放口，原有的养殖水排放应达到表1中的一级标准。

c) 一般水域，指 GB 3838—2002 中 Ⅲ 类、Ⅳ 类和 Ⅴ 类水域，主要适合于集中式生活饮用水源地二级保护区、鱼虾类越冬场、洄游通道、水产养殖区、游泳区、工业用水区、人体非直接接触的娱乐用水区、农业用水区及一般景观要求水域，排入该水域的淡水池塘养殖水执行表1中的二级标准。

4 要求

淡水养殖废水排放标准值见表1。

表1 淡水养殖废水排放标准值

序 号	项 目	一级标准	二级标准
1	悬浮物，mg/L	≤50	≤100
2	pH	6.0～9.0	
3	化学需氧量（COD_{Mn}），mg/L	≤15	≤25
4	生化需氧量（BOD_5），mg/L	≤10	≤15
5	锌，mg/L	≤0.5	≤1.0
6	铜，mg/L	≤0.1	≤0.2
7	总磷，mg/L	≤0.5	≤1.0
8	总氮，mg/L	≤3.0	≤5.0
9	硫化物，mg/L	≤0.2	≤0.5
10	总余氯，mg/L	≤0.1	≤0.2

5　测定方法

5.1　采样

淡水池塘养殖水水质监测样品采集地应该设在排水口处（如有多处排水口，应分别取样），贮存、运输和预处理按 GB/T 12997、GB/T 12998 和 GB/T 12999 的有关规定执行。

5.2　测定方法

本标准各项目的检测按表 2 的分析方法执行。

表 2　水质测定方法

序号	项　目	分析方法	检测下限	依据标准
1	悬浮物质	重量法	2 mg/L	GB/T 11901
2	pH	（1）玻璃电极法 （2）pH 计法	— —	GB/T 6920
3	化学需氧量（COD$_{Mn}$）	酸性高锰酸钾法	0.5 mg/L	GB/T 11892
4	生化需氧量（BOD$_5$）	稀释与接种法	2 mg/L	GB/T 7488
5	硫化物	亚甲基蓝分光光度法	0.005 mg/L	GB/T 16489
6	总氮	碱性过硫酸钾消解紫外分光光度法	0.050 mg/L	GB/T 11894
7	总磷	钼酸铵分光光度法	0.010 mg/L	GB/T 11893
8	铜	（1）原子吸收分光光度法 （2）二乙基二硫代氨基甲酸钠分光光度法	0.050 mg/L 0.010 mg/L	GB 7475 GB 7474
9	锌	原子吸收分光光度法	0.003 1 mg/L	GB 7475
10	总余氯	（1）N，N-二乙基-1，4 苯二胺分光光度法 （2）N，N-二乙基-1，4 苯二胺滴定法	0.03 mg/L 0.03 mg/L	GB 11898 GB 11897

注：有多种测定方法的指标，在测定结果出现争议时，以方法（1）的测定为仲裁结果。

6　结果判定

本标准采用单项判定法，当监测指标单项超标，即判定为不符合排放标准。

7　标准实施与监督

7.1　本标准由各级渔业行政主管部门负责监督与实施，各级渔业环境监测机构负责监测工作。

7.2　由于我国地域跨度较大，南、北方的淡水水质存在差异，养殖模式与废水排放方式也不尽相同，省、自治区、直辖市人民政府可制定严于本标准的地方淡水养殖废水排放标准，并报国务院渔业行政主管部门备案。

图书在版编目（CIP）数据

笋壳鱼高效生态养殖技术 / 李希国，李本旺，王广军主编 . —北京：中国农业出版社，2022.10
ISBN 978 - 7 - 109 - 29638 - 1

Ⅰ.①笋… Ⅱ.①李… ②李… ③王… Ⅲ.①淡水鱼类－鱼类养殖－生态养殖 Ⅳ.①S965.1

中国版本图书馆 CIP 数据核字（2022）第 116786 号

中国农业出版社出版

地址：北京市朝阳区麦子店街 18 号楼
邮编：100125
责任编辑：杨晓改　　文字编辑：耿韶磊
版式设计：王　晨　　责任校对：吴丽婷
印刷：北京中兴印刷有限公司
版次：2022 年 10 月第 1 版
印次：2022 年 10 月北京第 1 次印刷
发行：新华书店北京发行所
开本：700×1000mm　1/16
印张：9.25　　插页：2
字数：176 千字
定价：68.00 元